中里华奈

雅致的
蕾丝花饰钩编

〔日〕中里 华奈　著

蒋幼幼　译

**20种精美花饰
初学者也能轻松制作**

河南科学技术出版社
·郑州·

前言

在以往的创作中，

都会对钩织的花草上色，

作品的色彩非常丰富。

而本书介绍的作品则无须上色，

展现了白色、原白色、黑色线的"原汁原味"。

不仅突显了线材的自然美，

作品更是呈现出前所未有的雅致。

用白色线钩织的花草，

给人通透、清新的感觉。

用原白色线钩织的花草则宛若干花，

竟也生出些许古雅的韵味。

用黑色线钩织的花草，

宛如蕾丝面料般的妙不可言。

用一种颜色制作的饰品可与各种装束搭配，

增添了画龙点睛般的雅致和细腻。

尝试用简单的颜色钩织，

植物的形态栩栩如生，

创作的乐趣再次让我激动不已。

一边观察花瓣和叶子的形状，一边转动钩针，

指尖下诞生了许多新颖的作品。

线的触感、钩针插入针目时的手感……

让我重新感受到了"编织"的妙趣和温暖。

仅用线与铁丝就能表现出花草植物，

真是别有一番乐趣。

希望可以通过本书

与大家分享钩织花草的静谧时光。

Lunarheavenly

中里 华奈

目录

银莲花
p.46

百合
p.81

三色菫
p.40

绣球花

p.80

樱花
p.72

迷迭香
p.90

薰衣草
p.78

10

柠檬
。———。
p.92

勿忘我
p.34

常春藤
p.70

铃兰

p.76

白车轴草
p.86

蒲公英
p.84

玫瑰花
p.54

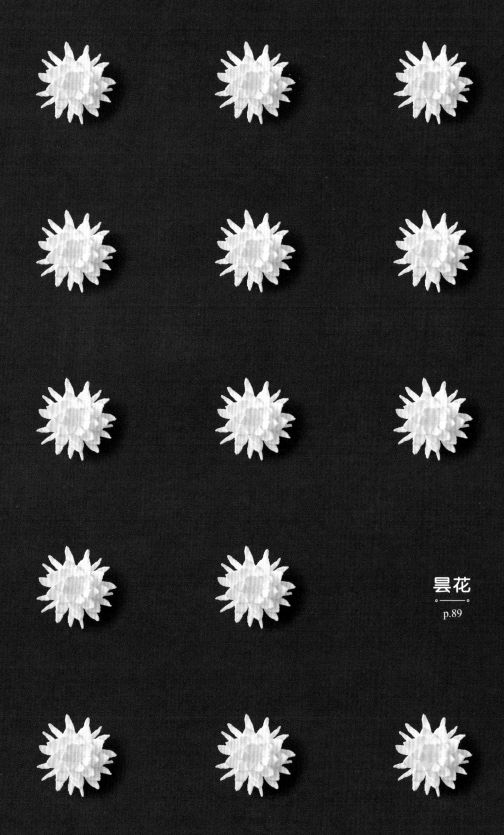

昙花

p.89

金桂
p.74

18

红叶
p.69

尤加利
p.94

玫瑰
p.82

一品红
p.88

20

本书的使用方法

本书一共介绍了20件作品。其中，以勿忘我、三色堇、银莲花、玫瑰花这4种花作为示范，以图文教程的形式为大家讲解了制作方法。这些也是制作其他作品的基础技巧，请作为参考。
作品的制作页面由以下几部分内容构成。

作品名称

即作品的名称。下面描述了作品的特点以及制作要领等。

作品图页面、作品的尺寸

标注了作品图所在页码，以及成品的直径和长度。

材料

制作作品时所需要的线材和铁丝的种类等。基本材料请参照p.23，制作饰品时使用的材料请参照p.58。彩图页面的作品全部使用80号蕾丝线。

制作方法

讲解了作品的制作方法。花朵的钩织方法请参照同一页面的编织图解以及LESSON1~4。按照成品图组合花朵和叶子，制作茎部，逐步完成作品。

成品图

组合花朵和叶子，制作茎部后的状态，即彩图中作品的图片。作为成品效果可供参考。

编织图解

相当于钩织方法的设计图。关于编织图解的看法，请参照p.27~33的钩针编织基础和针法符号钩织方法。

制作要领

以图文形式讲解了LESSON1~4中未出现的技巧，以及各个作品的制作难点。

No. 07

绣球花

这个白色的绣球花
有着大大的花瓣。
与樱花（p.72）一样加入花艺铁丝钩织花瓣，
再将花瓣组合在一起制作而成。

作品图 —— p.8
成品尺寸 —— 全长6.5cm
花的直径1.5cm

材料

DMC Cordonnet Special（ECRU 80号）
手工艺专用裸铁丝（直径0.2mm）
人造仿真花蕊（蕊头直径约2mm）

制作方法

1 按编织图解钩织4片花瓣。加入铁丝的钩织方法请参照p.36~39。在根部剪断较短的线头和铁丝。喷上定型喷雾剂后晾干。

2 参照p.73，组合4片花瓣，在根部缠上1cm左右的线。

3 剪下人造仿真花蕊的蕊头，用黏合剂粘贴在花朵的中心处。

4 用相同的方法再制作19朵花。

5 每4朵花组合在一起缠上线，制作5个花束。分别在根部缠上1.5cm左右的线。

6 在中心花束的周围，依次并入其他花束，缠上5圈左右的线。

7 将花束全部组合在一起后，继续缠上5cm左右的线。最后缝线终点做好末端处理，调整花朵的方向。

编织图解

花瓣 —— 编织起点
—— 编织终点

制作要领

1 在花瓣的根部剪断编织起点的短线头以及较短的铁丝。

2 参照p.73，将4片花瓣组合在一起。将铁丝折成90°，操作起来会更加方便。

80

本书使用的工具和材料

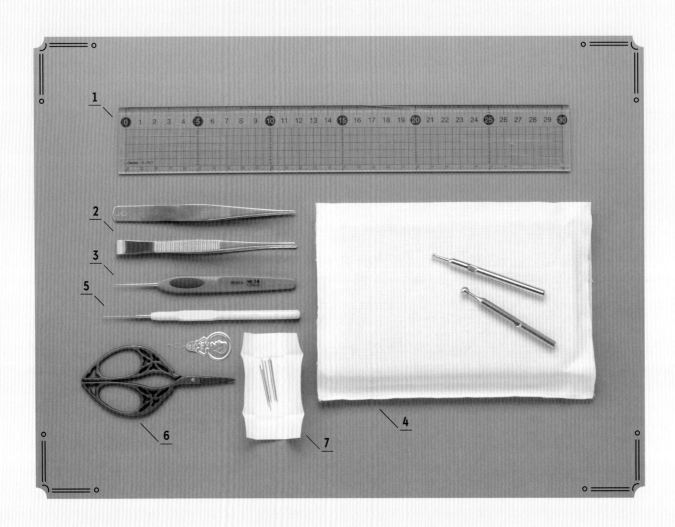

1 **直尺**

用于测量钩织的花朵和叶子、铁丝、饰品所需链子等配件的长度及大小尺寸。

4 **烫花垫、烫头**

用于调整铃兰等带弧度的花形，只需要制作布花等手工时使用的烫花器的烫头。烫头有大小之分，比如叫"铃兰镘"的大烫头和极小的烫头。也可以用圆头的镊子代替。

2 **镊子**

调整钩织的花朵和叶子的形状时，请使用圆头的镊子。组装配件等情况，使用尖头的镊子。

5 **锥子**

用于将针目戳大一点。建议选择头部尖细的锥子。

6 **剪刀**

钩织完成后，以及组合作品时，用于剪断线和铁丝。请选择头部尖细、比较锋利的手工艺专用剪刀。

3 **钩针**

本书使用的是No.14（0.5mm）的蕾丝钩针。如果想要钩织得紧致一些，也可以使用更细的蕾丝钩针（0.4~0.45mm）。

7 **缝针、穿针器**

缝针用于将钩织的花朵与花萼、茎部组合在一起，以及缝合饰品配件时。如果有穿针器会更加方便。建议细线用细针，粗线用粗针。

本书作品是用蕾丝线钩织花草植物的各部分，然后组合起来制作而成。
首先，为大家介绍制作花朵作品时需要的工具和材料。
制作饰品时用到的材料请参照p.58。

1 定型喷雾剂

为了防止钩织的花朵和叶子变形，会用到定型喷雾剂。使用时注意通风换气，不要喷到金属配件等其他部位。

2 黏合剂

用于组合花朵时将蕾丝线缠在铁丝上，以及将钩织的花朵固定在其他配件上。

3 锁边胶

在铁丝上缠线后，为了避免线头绽开会使用锁边胶。也可以用黏合剂代替。

4 蕾丝线

用于钩织花朵和叶子等。具体用法请参照p.24。

5 微珠

可粘贴在钩织的花朵上用作花蕊。本书使用的是作为美甲饰品销售的玻璃微珠。

6 人造仿真花蕊

人造花中用作花蕊的辅料。本书使用的是蕊头直径为1~2mm的白色小花蕊。

7 手工艺专用铁丝

用于茎部比较纤细的小花。本书使用的是直径为0.2mm的手工艺专用裸铁丝（没有包层）。

8 纸包花艺铁丝

制作茎部时，使用人造花专用的35号和26号纸包花艺铁丝。

关于线材

本书中，钩织花朵用的蕾丝线的颜色就是最后作品的颜色，而且只使用了黑色、白色、原白色（ECRU）这3种颜色的蕾丝线。作品精致典雅，制作成饰品可以与各种服装及单品搭配。当然，蕾丝线有粗细之分，颜色也非常丰富。大家不妨选择自己喜欢的粗细和颜色，一起享受创作的乐趣吧。

下面以本书作品中使用的DMC Cordonnet Special（ECRU）为例，为大家介绍蕾丝线的粗细差异。钩织的样片是三色堇的一部分花瓣，可以比较一下效果。

80号

中里华奈的作品中基本上都使用这种粗细的线。制作页面中标注的"成品尺寸"就是用这款线钩织的作品尺寸。只有黑色使用了DMC Special Dentelles蕾丝线。

60号

比80号略粗。作品的大小与80号并无太大差别。因为Cordonnet Special系列没有60号的黑色线，请使用其他品牌的蕾丝线。

40号

与80号相比，作品尺寸要大一圈。40号也没有黑色线，请使用其他品牌的蕾丝线。

20号

可以制作更大一点的作品。这是Cordonnet Special系列中最粗的线。黑色可以使用DMC Cebelia 20号蕾丝线。

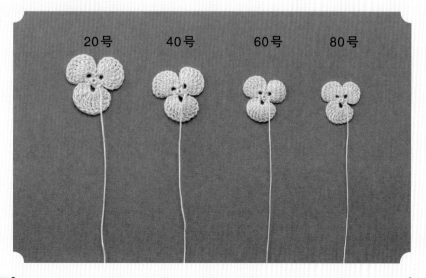

关于练习用线

在p.27的钩织方法说明中，为了便于看清针目，使用了DMC Cebelia 10号蕾丝线。颜色则选择了BLANC（白色）与318（灰色）。初学者不建议使用80号线，用粗一点的线练习更容易理解钩织技巧和入针位置。先试着反复钩织勿忘我（p.34）等仅由1个花片组成的小花吧。下面的三色堇和玫瑰花图片中，左边是练习用线钩织的作品，右边是80号线钩织的作品。

三色堇
（p.40）

玫瑰花
（p.54）

关于彩色线

一品红
（p.88）

DMC Special Dentelles蕾丝线有各种各样的颜色。本书作品中，用黑色线钩织的作品就使用了这款线的黑色（NOIR）。这款线拥有漂亮的光泽，颜色明快，不同的花选择合适的颜色可以钩织出精美的作品。

绣球花
（p.80）

柠檬
（p.92）

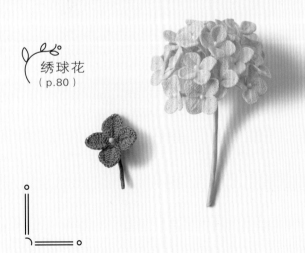

钩针编织基础

花朵和叶子是用钩针钩织出来的。从钩针的握法到钩针编织基础针法，下面都将为大家一一介绍。锁针是最基础的针法，请用均匀的力度进行钩织。通过不断练习熟练之后，就会钩织出整齐的针目和漂亮的作品。

钩针的握法

用右手的拇指和食指握住钩针的针柄，再用中指轻轻地抵住。

挂线方法

1 用右手捏住距离线头10cm左右的位置，将线从左手的小指和无名指之间拉出，挂在食指上。

2 用左手的拇指和中指捏住线头，慢慢抬起食指。无名指稍稍弯曲夹住线，以便在钩织时调节线的松紧度。

锁针起针的方法

1 将钩针放在线的后面，绕上1圈。

2 绕线后的状态。

3 针头挂线后往回拉，从刚才绕好的线圈中拉出。

4 将线拉出后的状态。此针不计入起针数，从下一针开始计数。

5 与步骤**3**一样，针头挂线后拉出，重复钩织至所需针数。

锁针的正反面

锁针针目有正面和反面之分，因为挑针位置不同，所以需要注意区分正面和反面。从正面看，位于上方的线叫作"锁针的半针"。从反面看，横在针目中间的线叫作"里山"。

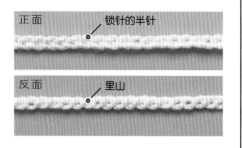

正面　锁针的半针

反面　里山

环形起针（讲解步骤到立织的1针锁针为止）

1 花瓣一般是环形起针（编织图解中标注为"环"），从中心开始钩织。先在食指上绕2圈线。

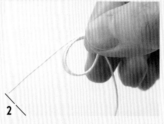

2 右手的手指捏住线的交叉位置，慢慢地取下线环。

3 换成左手捏住线环，在线环中插入钩针。

4 将线挂在左手的中指上，针头挂线后拉出。

5 从线环的上方在针头挂线。

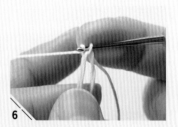

6 直接从线圈中拉出（引拔）。

7 引拔后的状态。

8 接着针头挂线并引拔，钩织锁针。

9 引拔后的状态。这就是立织的1针锁针。

针法符号和钩织方法

基础钩织方法

本书介绍的作品均有"编织图解"，用符号表示应该用哪种针法进行钩织。
下面介绍本书中出现的针法符号及其钩织方法。

◯ 锁针

钩针编织的基础。也用于"起针"的基础部分，p.27也有详细的解说。

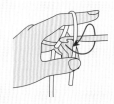    

❶ 如箭头所示转动钩针并挂线。

❷ 针头挂线，从步骤❶制作的线环中拉出。

❸ 拉动线头收紧线环。注意此针不计为1针。

❹ 针头挂线，从针上的线圈中拉出。

❺ 1针锁针完成。重复步骤❹，继续钩织至所需针数。

● 引拔针

用于针目与针目之间的连接或固定，是很常用的针法。

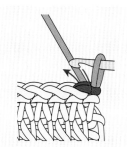 

❶ 如箭头所示，在前一行针目的头部2根线里插入钩针。

❷ 针头挂线后拉出。

要领

前一行是锁针时，在锁针的半针和里山插入钩针。或者，仅在里山插入钩针（关于"半针"和"里山"，请参照p.28）。短针和中长针等也用相同的方法挑针。

✕ 短针

钩针编织的基础针法之一。也经常用于花朵的环形起针。

   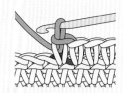

❶ 如箭头所示，在前一行针目的头部2根线里插入钩针。

❷ 针头挂线后拉出。

❸ 针头再次挂线，一次性引拔穿过针上的2个线圈。

❹ 1针短针完成。重复步骤❶~❸继续钩织。

要领

需要注意的是，立织的1针锁针因为针目很小，所以不计入针数。
钩织p.30介绍的中长针的情况下，立织的2针锁针要计入针数。
虽然锁针的针数不同，长针和长长针的情况也是如此。

中长针

此针法经常用于钩织花瓣等。立织的 2 针锁针要计入针数。

❶ 编织起点立织 2 针锁针。针头挂线，如箭头所示在前一行针目的头部 2 根线里插入钩针。

❷ 针头挂线，将线拉出至 2 针锁针的高度。

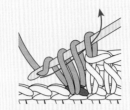

❸ 针头再次挂线，一次性引拔穿过针上的 3 个线圈。

❹ 1 针中长针完成。重复步骤❶~❸继续钩织。

长针

此针法也经常用于钩织花瓣。立织的 3 针锁针要计入针数。

❶ 编织起点立织 3 针锁针。针头挂线，如箭头所示在前一行针目的头部 2 根线里插入钩针。

❷ 针头挂线，将线拉出至 3 针锁针的高度。

❸ 针头再次挂线，引拔穿过针上的 2 个线圈。

❹ 针头再次挂线，一次性引拔穿过针上的 2 个线圈。

❺ 1 针长针完成。重复步骤❶~❹继续钩织。

长长针

比长针多出 1 针锁针的长度。立织的 4 针锁针要计入针数。

❶ 编织起点立织 4 针锁针。在针头绕 2 次线，如箭头所示在前一行针目的头部 2 根线里插入钩针。

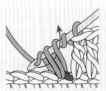

❷ 针头挂线，将线拉出至 4 针锁针的高度。针头再次挂线，引拔穿过针上的 2 个线圈。

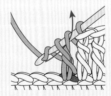

❸ 针头再次挂线，引拔穿过针上的 2 个线圈。

❹ 针头再次挂线，一次性引拔穿过针上的 2 个线圈。

❺ 1 针长长针完成。重复步骤❶~❹继续钩织。

⫪ 3卷长针

比长长针更长。在针头绕 3 次线后开始钩织。立织的 5 针锁针要计入针数。

1 编织起点立织 5 针锁针。在针头绕 3 次线，如箭头所示在前一行针目的头部 2 根线里插入钩针。

2 针头挂线，将线拉出至 5 针锁针的高度。

3 针头再次挂线，引拔穿过针上的 2 个线圈。

4 针头再次挂线，引拔穿过针上的 2 个线圈。

5 针头再次挂线，引拔穿过针上的 2 个线圈。最后再重复一次。

6 1 针 3 卷长针完成。重复步骤 **1**~**5** 继续钩织。

⬤ 3针锁针的狗牙针

呈小巧的圆形针目，常用于花瓣的顶端。此处介绍的是 3 针锁针的狗牙针的钩织方法。

1 钩 3 针锁针，然后在下方针目的头部半针以及根部的左端（1 根线）里插入钩针。

2 针头挂线，一次性引拔穿过针上的所有线圈。

3 3 针锁针的狗牙针完成。

✕ 短针的条纹针

使用此针法可以使已钩织部分形成弯曲。其他有下画线的针法符号也属于条纹针。

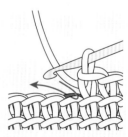

在前一行针目的头部挑针时，仅在后面的 1 根线（半针）里插入钩针，接着按短针的相同要领钩织。

要领
○─────────────────○

用这种方法钩织后，前面的 1 根线（半针）呈条纹状保留下来。环形钩织花朵时，织片的正面就会出现条纹。

未完成的针目

不做最后一步的引拔，将线圈留在钩针上的状态叫作"未完成的针目"。常用于 p.32 介绍的"减针"等情况。

加针和减针

∨∨ = ∨ 1针放2针短针（加针）

① 参照p.29钩1针短针。如箭头所示，在同一个针目里再次插入钩针。

② 再钩1针短针。

③ 钩入2针短针后的状态。增加了1针。

要领

通过在同一个针目里多次挑针钩织实现加针。

⋏⋏ = ⋏ 2针短针并1针（减针）

① 参照p.29钩织至短针的步骤**③**，将线拉出（未完成的针目）。不要引拔，在下一个针目里插入钩针。

② 针头挂线后拉出。针头再次挂线，一次性引拔穿过针上的3个线圈。

③ 引拔后的状态。前一行的2针并作了1针。

要领

不要做短针最后的引拔操作，开始钩织第2针短针，第2次挂线后再一次性引拔。

针法符号根部的区别

如右边的针法符号所示，符号的下端（根部）有3针连在一起和3针分开两种情况。当根部分开时（左），整段挑起前一行的锁针钩织（此处为3针锁针）。当根部连在一起时（右），在前一行的指定针目里挑针钩织。

钩织花瓣的过程中，通过加针和减针可以制作出弧度和纹理效果。
此处以短针和长针为例进行说明，其他针法也按相同要领钩织。

∨ 1针放2针长针（加针）

❶ 参照p.30钩1针长针。
针头挂线，如箭头所示
在同一个针目里再次插
入钩针。

❷ 再钩1针长针。

❸ 钩入2针长针后的状态。
增加了1针。

∧ 2针长针并1针（减针）

 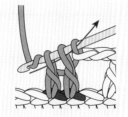 

❶ 参照p.30钩1针未完成
的长针。针头挂线，不
要引拔，在下一个针目
里再次插入钩针。

❷ 再钩1针未完成的长针。
针头再次挂线，一次性引
拔穿过针上的3个线圈。

❸ 引拔后的状态。前一行
的2针并为1针。

1针放3针以上的加针

这里介绍了1针放2针的加针技巧。有
的花朵会在1个针目里钩入3针以上，
甚至有1针放8针的情况。针数虽然增
加了，但是钩织的基本要领是相同的，
都是在同一个针目里多次挑针钩织。

勿忘我

这款作品是将小花缠在一起制作而成，
非常适合练习编织。
叶子中加入花艺铁丝进行钩织。
彩图中的作品是由7朵小花和3片叶子
（大、中、小各1片）组成。

作品图 ——————— p.12
花的直径 ——————— 9mm（练习作品2cm）

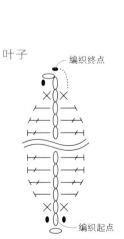

材料

DMC Cordonnet Special（ECRU 80号、BLANC 80号）
DMC Special Dentelles（NOIR 80号）
纸包花艺铁丝（白色 35号）

编织图解

小花

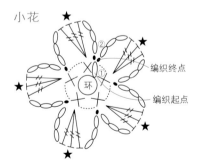

②
环 ①

★

编织终点

编织起点

编织图解中的★处使用独特的钩织方法，
目的是使花瓣的顶端稍微尖一点。除了勿
忘我，还用于其他花朵的钩织方法中。

叶子

编织终点

编织起点

*大：30针锁针
*中：25针锁针
*小：20针锁针

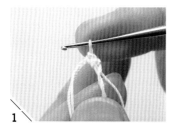

1 参照p.28环形起针，松松地钩1针短针。因为下一圈要在短针里钩入3针长长针，所以不要钩得太紧。

2 钩织剩下的4针短针。

3 暂时取下钩针，拉动编织起点的线头，确认线环中哪根线在活动。

4 拉动步骤**3**中活动的那根线，缩小线环。

5 拉动编织起点的线头，拉紧剩下的线。

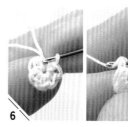

6 在第1圈短针头部的2根线里插入钩针，针头挂线引拔。第1圈完成。

7 接着钩织第2圈。钩3针锁针。

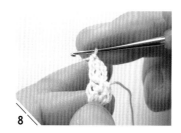

8 钩2针长长针。

9 钩织编织图解中的★。在长长针的根部左端的1根线里（左图的画圈处）插入钩针。

10 针头挂线引拔。

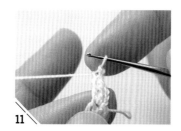

11 ★完成。花瓣的顶端就会呈现尖尖的形状。

12 再钩1针长长针和3针锁针。

13 在下一个针目里插入钩针，针头挂线引拔。

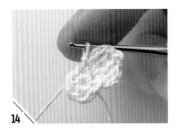

14 第1片花瓣完成。用相同的方法钩织剩下的4片花瓣。

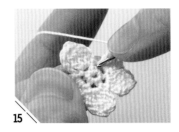

15 第5片花瓣完成后，在第1圈立织的锁针里插入钩针。

16 针头挂线引拔。

17 留出30cm左右的线头剪断，拉出线头。

18 1朵小花完成。将编织起点的线头紧贴着针脚剪断。

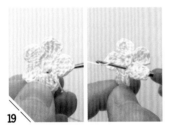

19 下面要将编织终点的线头穿至反面。从反面将钩针插入线头所在针目，将线挂在针上。

20 将线拉至反面。

21 从反面拉出线后就完成了。钩织所需数量的小花，用镊子调整形状。

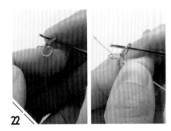

22 接着钩织叶子（小）。按p.27锁针起针的要领完成步骤 **1~3**，在拉紧线结之前穿入花艺铁丝。

23 拉紧线，将线结移至花艺铁丝的正中间。

24 一起捏住花艺铁丝和编织起点的线头。从花艺铁丝的下方插入针头，挂线后拉出。

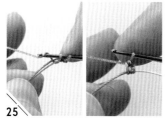

25 紧接着从花艺铁丝的上方在针头挂线，引拔穿过针上的 2 个线圈。

26 用相同方法再钩19针。这就是编织图解中的锁针起针。

27 拿好钩针不动，逆时针方向水平翻转花艺铁丝。

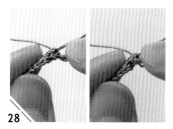

28 在第 2 针的后面半针里插入钩针。

29 针头挂线引拔。

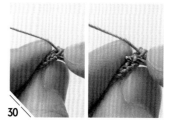

30 在下一个针目的后面半针里插入钩针。

31 钩 1 针短针。

32 用相同方法在后面半针里插入钩针，接着钩 1 针中长针、1 针长针。

33 用相同方法在后面半针里插入钩针，继续钩织 "12针长针、1针中长针、1针短针"，然后引拔。

34 钩 1 针锁针，在锁针下方的 1 根线（引拔针的半针）以及锁针起针剩下的半针里插入钩针。

35 避开花艺铁丝在针头挂线，引拔穿过针上的 3 个线圈。这样，叶子的顶端就会呈现尖尖的形状。

36 叶子的一侧完成。

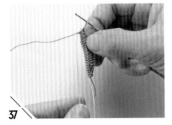

37
将已钩织部分移至花艺铁丝的正中间，再将花艺铁丝对折。

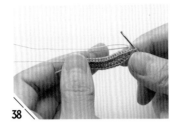

38
将完成的一侧朝下拿好。

39
在剩下的半针里插入钩针，穿过花艺铁丝的下方，在针头挂线。

40
从花艺铁丝的下方将线拉出，钩1针短针。

41
针头挂线，在下一个半针里插入钩针。

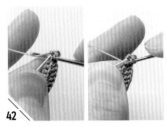

42
穿过花艺铁丝的下方，在针头挂线。

43
引拔穿过针上的3个线圈。这是1针中长针完成后的状态。

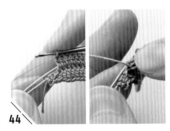

44
接着钩12针长针，然后针头挂线，在下一个半针里插入钩针。

45
穿过花艺铁丝的下方，在针头挂线后拉出，穿过半针。再次挂线，引拔穿过针上的3个线圈。

46
在下一个半针里插入钩针，穿过花艺铁丝的下方，在针头挂线。

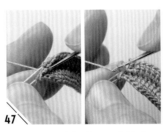

47
从半针里将线拉出，再次挂线，引拔穿过针上的2个线圈。1针短针完成。

48
在剩下的半针里插入钩针。

49

穿过花艺铁丝的下方，在针头挂线后引拔。

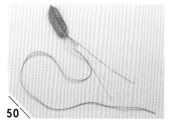

50

留出30cm左右的线头剪断，拉出线头。叶子就完成了。用相同的方法钩织所需片数。

51

将小花反面朝上放在烫花垫上。用烫头在花瓣上压出弧度。再将小花正面朝上，用烫头按压中心。

52

将花艺铁丝对折。其中一端插入小花中心的针目，另一端插入旁边的针目，然后穿入花艺铁丝。

53

在小花部分喷上定型喷雾剂后晾干。叶子上也喷上定型喷雾剂。

54

在花艺铁丝上涂少许黏合剂，将线缠在上面。

55

这是缠线后的状态。剩下的小花对照缠线至终点位置，注意整体形态的均衡并分别缠上线。

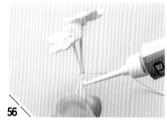

56

对齐缠线终点，将两朵小花并在一起。涂上少许黏合剂，继续缠线。

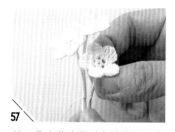

57

第3朵小花也是对齐缠线终点位置组合在一起。

58

叶子也用相同的方法，分别在根部缠上5mm左右的线，再与小花对齐缠线终点的位置组合在一起。

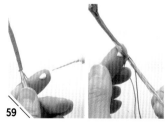

59

小花和叶子全部组合完成后，在茎部喷上定型喷雾剂晾干。将黏合剂滴在食指上，再薄薄地涂在缠线终点处。

60

黏合剂晾干后，斜着剪断花艺铁丝和线。最后在切口处涂上黏合剂晾干。

三色堇

钩织上、下2层花瓣，
重叠在一起制作而成。
花朵的后面还加上了花萼。
彩图中的作品共有3片叶子。

作品图 ——— p.7

成品尺寸 ——— 全长3.5cm

花朵直径1.7cm（练习作品3.5cm）

材料

DMC Cordonnet Special（ECRU 80号、BLANC 80号）
DMC Special Dentelles（NOIR 80号）
纸包花艺铁丝（白色 35号）

编织图解

花瓣（上层）
编织起点
环 ①
②
编织终点

花瓣（下层）
②
编织起点
环
编织终点
编织起点

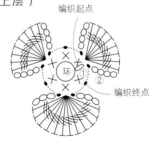

叶子（小）
编织终点
编织起点
环

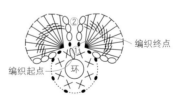

叶子（大）
编织终点
编织起点
环

花萼
编织起点
编织起点
环

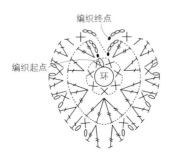

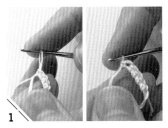

1
制作花瓣（上层）。参照p.28环形起针，钩入6针短针。第5针钩织得稍微松一点。

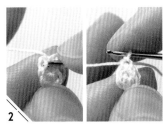

2
收紧线环，在第1圈的前面半针里插入钩针，针头挂线引拔。第1圈完成。

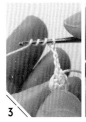

3
接着钩织第2圈。钩4针锁针，在针头绕3次线，在同一个半针里插入钩针。

4
这是钩完1针3卷长针后的状态。

5
在同一个半针里钩入8针3卷长针。

6
再钩4针锁针，在同一个半针里引拔。

7
引拔后的状态。

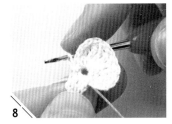

8
在下一个针目（不是半针）里插入钩针引拔。

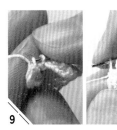

9
在下一个半针里插入钩针，按编织图解钩织第2片花瓣。

10
用相同的方法钩织第3片花瓣，最后钩3针锁针。

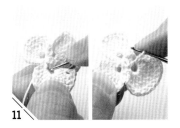

11
在同一个半针里引拔，再在第1圈的第6针里插入钩针引拔。

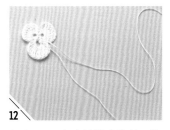

12
留出30cm左右的线头剪断，拉出线头。花瓣（上层）就完成了。剪掉短线头。

13 制作花瓣（下层）。参照p.41的步骤 **1 ~ 2** 环形起针，钩入 8 针短针，收紧线环。

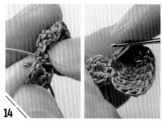

14 接着钩织第 2 圈。在第 1 针的前面半针里钩入花瓣，然后在同一个半针里引拔。

15 这是第 1 片花瓣完成后的状态。

16 在下一个针目里插入钩针，针头挂线并引拔。

17 在下下个针目里引拔后的状态。

18 用相同的方法，依次在下一个针目里挑针，再钩 4 针引拔针。

19 在下一个针目里插入钩针，钩织第 2 片花瓣。最后钩 3 针锁针，在同一个针目里引拔。

20 留出30cm左右的线头剪断，拉出线头。花瓣（下层）就完成了。剪掉短线头。

21 接着钩织花萼。参照p.28环形起针，钩 5 针锁针。

22 在倒数第 2 针锁针里插入钩针。

23 针头挂线并引拔。

24 用相同的方法在左侧相邻的半针里插入钩针，依次钩 3 针引拔针。

25

在线环的下方插入钩针，针头挂线引拔。

26

用相同的方法，按编织图解继续钩织，最后引拔结束。

27

参照p.35的步骤 **3** ~ **5** 收紧线环。

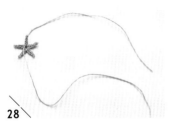

28

留出30cm左右的线头剪断，拉出线头。花萼就完成了。剪掉短线头。

29

制作叶子（小）。参照p.41的步骤 **1** 环形起针，钩入 7 针短针。第 4 针钩织得稍微松一点。

30

收紧线环，在第 1 圈的第 1 针里插入钩针。

31

针头挂线引拔。第 1 圈完成。

32

钩 2 针锁针，在同一个针目里插入钩针，钩 2 针长针。

33

这是钩完 2 针长针后的状态。在下一个针目里钩入 2 针中长针。

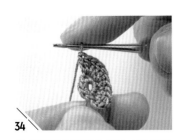

34

钩织至第 2 圈正中间的 4 针长针后的状态。

35

按编织图解钩织至第 2 圈的最后，在第 2 圈最初的针目里插入钩针。

36

针头挂线引拔。第 2 圈完成。

37

接着钩织第3圈。钩2针锁针，在第2圈长针的头部插入钩针，钩1针短针。

38

按编织图解继续钩织。

39

钩织至最后，在同一个针目里插入钩针，针头挂线引拔。

40

留出30cm左右的线头剪断，拉出线头。另一片叶子也用相同的方法钩织，剪掉短线头。

41

处理花的线头。将花瓣（下层）编织终点的线头穿入缝针，在编织终点的针目里入针，将线穿至反面。在反面针目里穿针。

42

用相同的方法，在反面针目里穿2~3次线，注意针脚不要在正面露出。最后紧贴着针脚将线剪断。

43

将花瓣（下层）反面朝上放在烫花垫上。

44

用烫头轻轻地按压，将花瓣压出弧度。

45

花瓣（上层）也用相同的方法处理好线头，再用烫头在花瓣上压出弧度。

46

在花瓣（上层）中心小孔的上方针目里插入锥子，将针目戳大一点。

47

将花艺铁丝对折，其中一端插入步骤**46**中戳大的针目里，另一端插入花瓣之间。

48

穿入花艺铁丝后，在花的根部压紧。

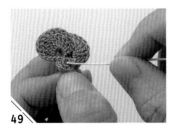

49

将步骤**48**中的花艺铁丝插入花瓣（下层）的中心。

50

在花瓣（下层）的下半部分涂上少许黏合剂，与前侧的花瓣粘贴固定。

51

花瓣（上层）与花瓣（下层）组合后的状态。在花朵部分喷上定型喷雾剂后晾干。

52

将花萼的线头穿至正面。反面朝上，将花朵部分的花艺铁丝插入花萼中心，涂上黏合剂固定。

53

从花朵的根部往下约0.7cm处涂上少许黏合剂，将线缠在上面。

54

用镊子折弯茎部，调整形状。

55

在叶子最后引拔的针目里插入锥子，将针目戳大一点。再将花艺铁丝对折，将一端插入其中。

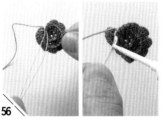

56

将花艺铁丝穿到底压紧。从根部往下约0.7cm处涂上少许黏合剂，将线缠在上面。

57

用拇指和食指捏住叶子的根部，用镊子调整形状后，喷上定型喷雾剂晾干。

58

参照p.39的步骤**55~57**，一边调整花朵和叶子的位置，一边缠线进行组合。

59

花朵和叶子全部组合完成后，在往下约1cm处涂上少许黏合剂并缠上线。在茎部喷上定型喷雾剂后晾干。

60

参照p.39的步骤**59**、**60**，缠线的终点做好末端处理，作品就完成了。

银莲花

由一体成型的3层花瓣组成。

大朵的花形显得十分华丽。

为了便于理解，另外画出了第6、第7圈的编织图解。

作品图 ———— p.6

成品尺寸 —— 全长7.5cm（练习作品10.5cm），
花的直径2cm（练习作品3.5cm）

材料

DMC Cordonnet Special（BLANC 80号）
DMC Special Dentelles（NOIR 80号）
纸包花艺铁丝（白色 35号）

编织图解

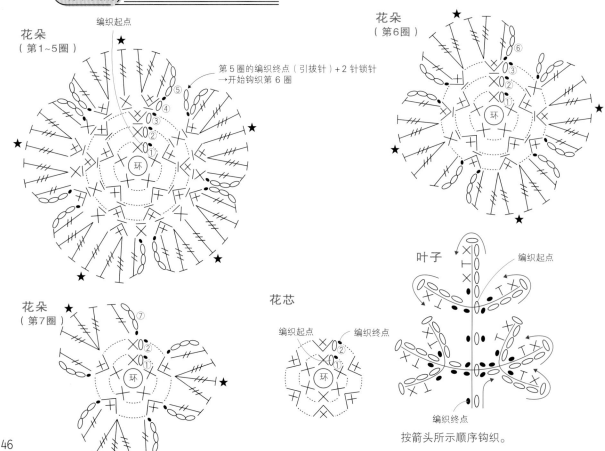

花朵
（第1~5圈）

编织起点

第5圈的编织终点（引拔针）+2针锁针
→开始钩织第6圈

花朵
（第6圈）

花朵
（第7圈）

花芯

编织起点　编织终点

叶子

编织起点

编织终点

按箭头所示顺序钩织。

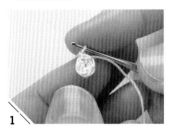

1

参照p.41的步骤 **1** 、 **2** 环形起针，钩入 5 针短针，收紧线环。在最初的短针里引拔。

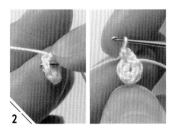

2

接着钩织第 2 圈。钩 1 针锁针，在同一个针目里插入钩针，钩织短针。

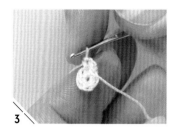

3

在下一个针目里插入钩针，钩入 2 针短针。

4

用相同的方法，按编织图解继续钩织"1 针放 2 针短针"。至此，第 1 圈的 5 针变成了 9 针。

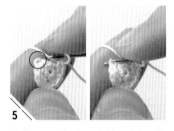

5

在第 2 圈的后面半针里插入钩针，针头挂线引拔。

6

第 2 圈完成。

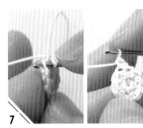

7

接着钩织第 3 圈。钩 1 针锁针，在第 2 圈针目头部的后面半针里插入钩针，钩入 2 针短针。

8

下一针也用相同的方法，在后面半针里插入钩针，钩入 2 针短针。

9

按编织图解继续钩织。至此，第 2 圈的 9 针变成了16针。

10

在第 3 圈的后面半针里插入钩针，针头挂线引拔。第 3 圈完成。

11

接着钩织第 4 圈。钩 1 针锁针，在第 3 圈针目头部的后面半针里插入钩针，钩织短针。

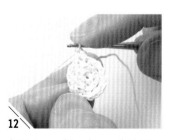

12

与第 3 圈一样，在同一个针目里再钩 1 针短针。按编织图解继续钩织。

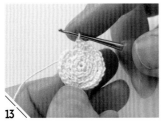

13

第 3 圈的16针变成了25针。在第 4 圈最初的短针头部引拔（此处不在半针里挑针）。

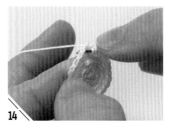

14

接着钩织第 5 圈。钩 3 针锁针，在针头绕 2 次线，在同一个针目里插入钩针，钩织长长针。

15

长长针完成后的状态。

16

在下一个针目里钩入 2 针 3 卷长针，在下下个针目里钩 1 针 3 卷长针，然后钩织★部分（参照p.35的步骤 **9**、**10**）。

17

按编织图解钩织 3 针锁针，在同一个针目里引拔。

18

第 1 片花瓣完成。

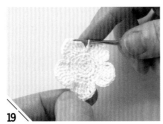

19

同样，剩下的花瓣也按编织图解钩织。第 5 圈完成。

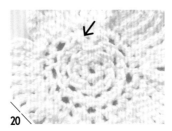

20

图中箭头所示部分（第 3 圈最初针目的前面半针）是接下来要做引拔的位置。

21

在步骤**20**中箭头所示位置插入锥子，将针目戳大一点。

22

在刚才戳大的针目里插入钩针，钩 2 针锁针。

23

针头挂线并引拔。

24

钩 3 针锁针，在针头绕 2 次线，在同一个半针里插入钩针，钩 1 针长长针。

25

将第 5 圈的花瓣压在后面钩织，会更加方便。在下一个针目里钩织 3 卷长针。

26

在同一个针目里再钩 1 针 3 卷长针。

27

钩织编织图解中的★部分（参照 p.35的步骤 **9** 、**10** ）。

28

在下一个半针里钩织 2 针 3 卷长针，在下下个半针里钩 1 针长长针，再钩 3 针锁针。

29

在同一个半针里插入钩针，针头挂线并引拔。

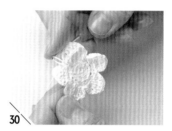

30

第 6 圈的第 1 片花瓣完成。按相同的要领再钩织 3 片花瓣。第 6 圈完成。

31

与步骤**21**一样，在钩织第 7 圈的半针里插入锥子，将针目戳大一点。

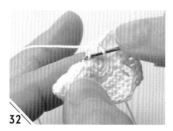

32

在刚才戳大的针目里插入钩针，钩 2 针锁针。

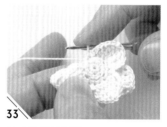

33

针头挂线并引拔。

34

钩 3 针锁针，在针头绕 2 次线，在同一个半针里插入钩针。

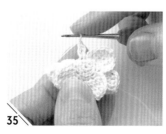

35

钩 1 针长长针。

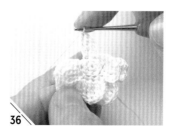

36

在下一个半针里钩织 2 针 3 卷长针。

37

参照p.35的步骤 **9**、**10**，钩织编织图解中的★。再在同一个半针里钩入1针3卷长针。

38

在下一个半针里钩1针长长针，接着钩3针锁针，在同一个针目里引拔。

39

第7圈的第1片花瓣完成。按相同的要领再钩织2片花瓣。第7圈完成。

40

留出20cm左右的线头，剪断。将线头穿入缝针后穿至反面，在反面的针目里穿针。

41

为了防止线头松散，重复穿几次线后紧贴着针脚将线头剪断。花朵完成。

42

接着制作花芯。参照p.41的步骤 **1**、**2**环形起针，钩入6针短针后收紧线环，在第1圈最初的针目里引拔。

43

钩织第2圈。钩2针锁针，在同一个针目里引拔。

44

钩2针锁针。

45

在下一个针目里引拔。

46

用相同的方法，按编织图解继续钩织，在第2圈最初的针目里引拔。

47

引拔后的状态。将编织起点的线头紧贴着针脚剪断。编织终点留出30cm左右的线头，剪断。

48

将线头穿入缝针，在线头所在针目插入缝针，将线头穿至反面。再从中心附近将线头穿至正面。

49
在中心插入缝针，将线头穿至反面。

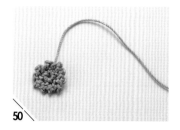

50
花芯完成。

51
接着钩织叶子。参照p.36的步骤**22**至p.37的步骤**25**，在线结中穿入花艺铁丝。

52
拉紧线结，将线结移至花艺铁丝的中间。

53
从花艺铁丝的下方插入钩针，针头挂线，从花艺铁丝的下方将线拉出。

54
直接从花艺铁丝的上方在针头挂线，引拔穿过针上的2个线圈。

55
用相同的方法再钩织3针。这就是编织图解中的锁针起针。

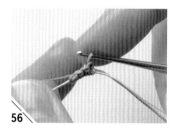

56
拿好钩针不动，逆时针方向水平翻转织物重新拿好。图中是翻转后的状态。

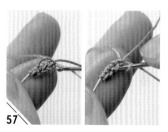

57
在锁针的后面半针里插入钩针，引拔。

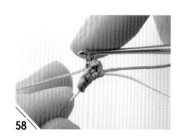

58
引拔后的状态。

59
钩5针锁针，在相邻锁针的后面半针里插入钩针，钩织短针。

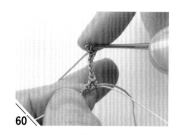

60
短针完成后的状态。

61

针头挂线，在左侧锁针的半针里插入钩针，钩织中长针。再在左侧半针里插入钩针，引拔。

62

重复2次步骤**59~61**。

63

完成3个小叶片后，在第1个小叶片的根部针目里插入钩针并引拔。

64

引拔后的状态。

65

在第1个小叶片5针锁针的第1针里插入钩针并引拔。

66

在花艺铁丝上的第3针里插入钩针并引拔。

67

在下一个针目（后面半针）里插入钩针。

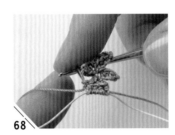

68

直接引拔。

69

再重复一次步骤**59~62**，折弯花艺铁丝。

70

在步骤**69**中箭头所示半针里插入钩针。

71

从花艺铁丝的上方在针头挂线。

72

直接引拔。

73 在步骤**70**中入针位置的下面的半针里插入钩针。

74 针头挂线并引拔。

75 再重复一次步骤**59~62**，在步骤**73**中入针位置的下面的半针里插入钩针引拔。

76 叶子完成。将编织起点的线头紧贴着针脚剪断。编织终点留出30cm左右的线头剪断。

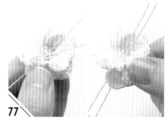

77 下面开始进行组合。将花艺铁丝对折，在花朵的中心以及旁边的针目里插入花艺铁丝。

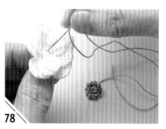

78 将花芯编织终点的线头穿入缝针，再插入花朵的中心。

79 在花朵的中心涂上黏合剂，再拉紧线头，固定花芯。

80 从花朵的根部往下约5mm处涂上少许黏合剂，将线缠在上面。调整花朵的形状后，喷上定型喷雾剂晾干。

81 叶子从根部往下约7mm处涂上少许黏合剂，将线缠在上面。调整叶子的形状后，喷上定型喷雾剂晾干。

82 一边从正面确认位置，一边对齐缠线终点，将花朵和叶子组合在一起。

83 涂上少许黏合剂继续缠线。缠线结束后，在茎部喷上定型喷雾剂晾干。

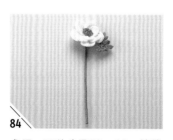

84 参照p.39的步骤**59**、**60**，缠线终点做好末端处理，作品就完成了。

玫瑰花

横向钩织长长的织片，
再卷成花朵的形状。
花萼与三色堇(p.40)相同，
请按编织图解钩织。

作品图 —— p.16
成品尺寸 —— 全长8cm (练习作品12cm)
花的直径1cm (练习作品2cm)

编织图解

花朵（大） 花朵（小）

*46针锁针

编织起点
编织终点

*34针锁针

编织起点
编织终点

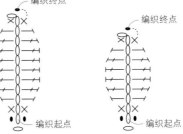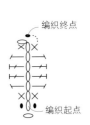

材料

DMC Cordonnet Special (ECRU 80号)
DMC Special Dentelles (NOIR 80号)
纸包花艺铁丝(白色 35号)

叶子（大）   叶子（中）   叶子（小）

编织终点   编织终点   编织终点

编织起点   编织起点   编织起点

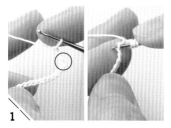

1

钩46针锁针起针，再立织3针锁针。在针头绕2次线，在右起第4针锁针的半针里插入钩针。

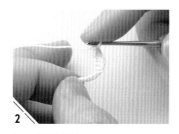

2

钩1针长长针。

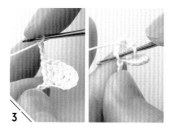

3

按编织图解继续钩织至3针锁针的位置，在同一个针目里插入钩针并引拔。

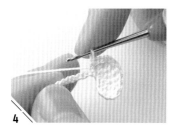

4

引拔后的状态。按编织图解用相同的方法继续钩织。

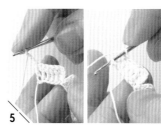

5

钩织至最后的3针锁针，在同一个针目里插入钩针并引拔。留出15cm左右的线头剪断，拉出线头。

6

花朵（大）完成。参照p.42的步骤**21**至p.43的步骤**28**，制作花萼。

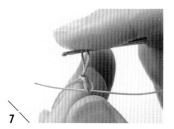

7

钩织叶子（中）。参照p.36的步骤**22**至p.37的步骤**25**，在线结中穿入花艺铁丝。

8

将线结移至花艺铁丝的中间，从花艺铁丝的下面插入钩针。针头挂线后拉出。

9

紧接着从花艺铁丝的上面在针头挂线，引拔穿过针上的2个线圈。

10

用相同的方法再钩9针。这就是编织图解中的锁针起针。

11

逆时针方向水平翻转花艺铁丝。在后面半针里插入钩针。

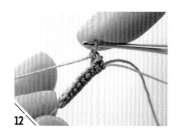

12

钩1针短针。

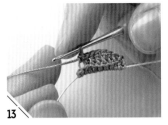

13 按编织图解依次钩织"中长针、4针长针、中长针、短针"。

14 在下一个半针里插入钩针。

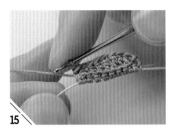

15 针头挂线并引拔。

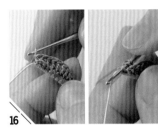

16 钩1针锁针，在锁针下方的1根线（引拔针的半针）以及锁针起针剩下的半针里插入钩针。

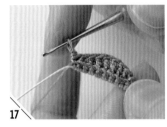

17 引拔穿过针上的3个线圈。

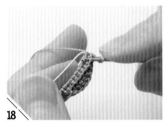

18 折弯花艺铁丝，如图所示重新拿好织片。在剩下的半针里插入钩针。

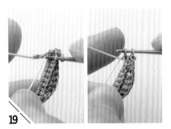

19 从花艺铁丝的下面插入钩针，针头挂线，再从花艺铁丝的下面将线拉出。

20 钩1针短针。

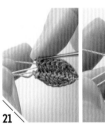

21 用相同的方法依次在半针以及花艺铁丝的下面插入钩针，按编织图解继续钩织。最后引拔。

22 留出30cm左右的线头剪断。叶子（中）完成。用相同的方法一共钩织1片叶子（大）、2片叶子（中）。

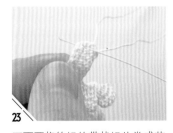

23 下面要将钩织的带状织片卷成花形缝合固定。在线头所在一端穿入花艺铁丝。

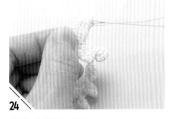

24 将花艺铁丝对折。

25 在织片的下边涂上少许黏合剂，正面朝外向内卷。

26 用镊子从一端开始卷，一边涂上黏合剂，一边慢慢向内卷。

27 卷到一定程度后，如图所示重新拿好。可以一边调整位置一边继续卷。

28 卷至最后，再用镊子调整形状。卷好的花瓣正面朝外。

29 留出5mm左右的线头剪断，涂上黏合剂粘贴在花朵上。

30 花朵装上铁丝后的状态。调整花朵和叶子的形状后，喷上定型喷雾剂晾干。

31 将花萼的线头穿至正面。反面朝上，将花朵的花艺铁丝插入花萼的中心，涂上黏合剂粘贴固定。

32 在花艺铁丝上涂少许黏合剂，将线缠在上面。

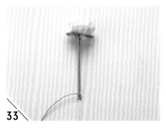

33 缠线后的状态。

34 在叶子的根部缠上5mm左右的线，将1片叶子（大）和2片叶子（中）组合在一起，也可将1片叶子（中）和2片叶子（小）组合在一起。

35 对齐缠线终点位置，将叶子与花朵并在一起继续缠线。

36 在茎部喷上定型喷雾剂后晾干。参照p.39的步骤**59**、**60**，缠线终点做好末端处理，作品就完成了。

饰品的制作方法

下面介绍使用钩织的部件制作饰品的方法。
这里使用的是前面讲解的 4 款练习作品，
只要掌握了基础技法，就可以用各种花进行创作。
选择自己喜欢的花尝试制作吧。

基本工具

这些是制作饰品时需要的工具。图中左边的平嘴钳用于将各部件安装在金属配件上。准备 2 把钳子使用起来会更加方便。图中右边的剪钳用于剪断链子等金属配件。图中间的双面胶用于将钩织的花朵等部件临时固定在别针上。另外，也会用到p.22介绍的锥子和缝针等工具。

常用材料

穿孔式和夹式耳环

穿孔式和夹式耳环的金属配件有许多种。图中，耳钉使用带莲蓬头底座的配件（左），耳坠使用U形的耳钩（右）。

项链

制作项链时会用到链子（左）、调节链（中）、弹簧圆扣（右上）、小圆环（右下）。链子在使用时可以剪成想要的长度。

胸针

使用安全别针。根据作品的需要选择合适的尺寸。材质也有很多种。

饰品的制作顺序

从p.59开始将为大家介绍耳饰、项链、胸针等各种饰品的制作方法。首先从简单的耳钉和一朵花的胸针开始练习吧。虽然都是用80号蕾丝线制作的，大家可以选择像练习作品那样粗一点的线制作，也会非常可爱。

耳钉

首先从一朵小花构成的耳钉开始吧。
将小花缝在耳钉金属配件的莲蓬头上制作而成。
不同的花给人的印象也不一样。
如果是带莲蓬头底座的配件，
也可以制作成夹式耳环。

成品尺寸 —— 花的直径1.8cm

材料

银莲花（p.46，花朵和花芯）………… 各2个
DMC Cordonnet Special（ECRU 80号、
BLANC 80号）
带莲蓬头的耳钉金属配件………………1对
珍珠耳堵 …………………………………1对

1
参照p.46~51，分别钩织2个花朵和花芯。将花朵的线头穿至反面，再穿入莲蓬头的外圈小孔中。

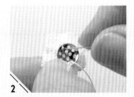

2
在莲蓬头的反面、出针孔对面的小孔中插入缝针。

3
从正面最上层花瓣的下方出针。

4
在步骤**3**出针处的边上插入缝针。

5
在莲蓬头外侧的2个小孔之间渡线缝合。最后在反面的中心打结固定。

6
将花芯编织终点的线头穿入缝针，再将线头穿至反面。在花朵的中心插入缝针。

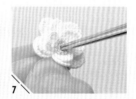

7
在花朵的中心涂黏合剂，粘上花芯，用镊子压紧。

8
从莲蓬头的反面插入缝针。

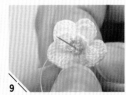

9
从花芯的中心出针，再将缝针穿至反面。

10
在莲蓬头的反面中心打结固定。

11
在打结的线头部分涂上黏合剂，粘贴莲蓬头配件的底座。

12
用钳子将底座上的爪扣压至内侧，夹住莲蓬头固定好。另一个耳钉也用相同的方法制作。

耳坠

将茎部的末端折成一个圈,再装上耳坠金属配件。
行走间,这款花朵耳坠摇曳生姿。
制作的要点是茎部不要缠得太粗。

成品尺寸 —— 全长3.5cm
　　　　　　花的直径0.9cm

材料

玫瑰花(p.54,花朵<大、小>)……各1朵
玫瑰花(p.54,叶子<大、中>)……各1片
DMC Cordonnet Special(BLANC 80号)
纸包花艺铁丝(白色 35号)
U形耳钩……………………………1对
小圆环……………………………2个

1

参照p.54~57钩织花朵和
叶子。将花朵(大)和叶
子(中)组合在一起,喷
上定型喷雾剂。

2

从叶子的根部往下约1.5cm
处缠上线,在下方涂上黏合
剂。

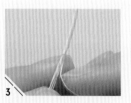

3

留出7mm左右不要缠线,
将线粘贴在花艺铁丝上。

4

从下端开始继续缠线。

5

缠线1.2cm左右后的状态。

6

将锥子抵在步骤**5**缠线部分
的中间。

7

顺着锥子的弧度将花艺铁丝
折成一个圈。

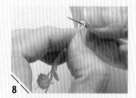

8

对齐缠线部分的两端,捏住
小圈的根部,取下锥子。

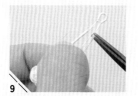

9 剪掉多余的花艺铁丝。注意剪刀不要垂直于花艺铁丝。

10 不要在一个地方一刀剪齐，斜着剪断花艺铁丝。

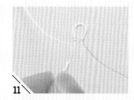

11 剪断花艺铁丝后的状态。注意不要剪到线。

12 捏住小圈的根部，涂上少许黏合剂。

13 继续缠线，短线头也与花艺铁丝并在一起拿好。

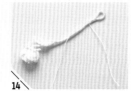

14 将线缠紧，以免小圈松开。

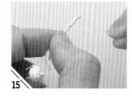

15 再涂一点黏合剂，继续缠至前面已经缠好线的部分。

16 贴着根部剪掉短线头。

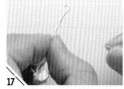

17 涂上黏合剂，再缠上几圈线。

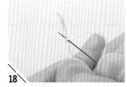

18 将线头穿入缝针，在缠线终点挑取3~4根线穿针。

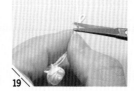

19 将线拉出，贴着根部剪断。

20 用平嘴钳夹紧茎部。

21 在茎部喷上定型喷雾剂后晾干。

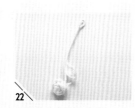

22 耳坠的花朵部分完成。

23 用平嘴钳闭合耳钩上的连接扣。

24 用平嘴钳夹住小圆环的左右两端，前后活动将接口打开。

25 将小圆环穿入茎部末端的小圈。

26 再将耳钩的连接扣穿在小圆环上。

27 用平嘴钳夹住小圆环的左右两端，前后活动将接口合上。

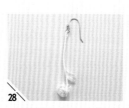

28 1个耳坠完成。另一个耳坠也用相同的方法制作。

项链

将花艺铁丝的两端折成小圈用于连接金属配件。
用不同颜色的线钩织，给人的印象也截然不同。
银莲花请参照p.46~53，
分别钩织花朵、花芯和叶子。
最后在花艺铁丝的根部缠上1cm左右的线。

成品尺寸 —— 全长5cm
花的直径1.8cm

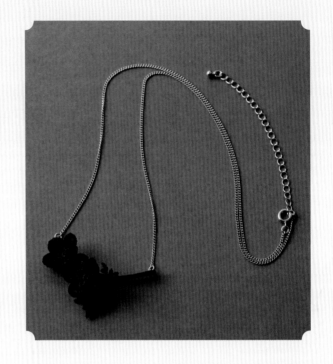

材料

银莲花（p.46，花朵、花芯、叶子）… 各2个
DMC Special Dentelles（NOIR 80号）
纸包花艺铁丝（白色35号）
DMC Special Dentelles（NOIR 80号）
纸包花艺铁丝（白色 26号）………… 1根
链子（23cm）………………………… 2根
小圆环 …………………………………… 6个
调节链、弹簧圆扣 …………………… 各1个

1 将花艺铁丝（26号）的一端留出1.5cm左右，往下1.5cm处涂上少许黏合剂。

2 将线头与没有涂黏合剂的铁丝顶端并在一起用左手捏住，开始缠线。

3 缠线1.5cm左右后的状态（图中花艺铁丝的方向与步骤**2**正好相反）。

4 将锥子抵在缠线部分的中间。

5 顺着锥子的弧度将花艺铁丝折成一个圈，然后取下锥子。

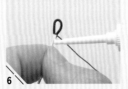

6 对齐缠线部分的两端，捏住小圈的根部，涂上少许黏合剂。

7 继续缠线。给花朵和叶子喷上定型喷雾剂后晾干。

8 如果叶子的针目之间露出花艺铁丝，可用黑色油性马克笔涂黑。

9 将步骤**7**中带小圈的花艺铁丝与花朵并在一起，涂上黏合剂，用带小圈铁丝上的线将它们缠在一起。

10 并入第2朵小花，对齐缠线终点位置，涂上黏合剂后继续缠线。

11 组合后的花艺铁丝变粗时，剪断几根花朵部分的铁丝和线头。

12 并入叶子，对齐缠线终点位置，涂上黏合剂后继续缠线。

13 在缠线终点位置剪断叶子部分的铁丝。

14 并入剩下的叶子，用镊子调整位置和角度，在花艺铁丝上涂上黏合剂后继续缠线。

15 缠上5mm左右的线后，在下方涂上黏合剂。留出5mm左右不要缠线，将线粘贴在花艺铁丝上。

16 涂上黏合剂，继续缠线1.5cm左右。

17 将锥子抵在缠线部分的中间。

18 顺着锥子的弧度将花艺铁丝折成一个圈，然后取下锥子。

19 留下步骤**1~7**中制作小圈的花艺铁丝，斜着剪断其余的铁丝。

20 用平嘴钳夹紧小圈的根部。剪掉短线头。

21 在花艺铁丝上涂上少许黏合剂，继续缠线。

22 将线头穿入缝针，在缠线终点挑取3~4根线穿针。将线拉出后剪断。

23 项链的花朵部分完成。

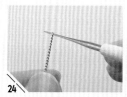

24 在链子两端的小链环中插入锥子戳大一点，穿入小圆环后闭合。

25 再打开一个小圆环，穿入链子末端的小圆环以及花朵部分的小圈，再将小圆环的接口合上。

26 另一根链子也用相同的方法连接在花朵部分的小圈上。

27 打开小圆环的接口，穿入弹簧圆扣上的小环以及链子另一端的小链环中，再将小圆环的接口合上。

28 打开小圆环的接口，穿入调节链以及链子另一端的小链环中，再将小圆环的接口合上。

一朵花的胸针

这是用一朵花简单制作的胸针，
花姿清雅脱俗。
玫瑰花请参照p.54~57钩织，然后缠上线。
其中一片叶子（中）使用了26号花艺铁丝。

成品尺寸 —— 全长8.5cm
花的直径1cm

材料

玫瑰花（p.54，花朵<小>）·············· 1朵
玫瑰花（p.54，叶子<大>）·············· 1片
玫瑰花（p.54，叶子<中>）·············· 3片
玫瑰花（p.54，叶子<小>）·············· 2片
三色堇（p.40，花萼）···················· 1个
DMC Cordonnet Special（ECRU 80号）
纸包花艺铁丝（白色 35号）
纸包花艺铁丝（白色 26号，用于1片叶子<中>）
安全别针（2cm）························· 1个

1
给花朵和叶子喷上定型喷雾剂后晾干。打开安全别针的针头，在底座上粘贴双面胶。

2
撕掉双面胶上的衬纸，再将双面胶从左右两侧包住底座。

3
将叶子粘贴在底座的正面。对齐缠线终点位置和双面胶的一端进行粘贴。

4
在花艺铁丝上涂上黏合剂。

5
在安全别针的底座和花艺铁丝上缠线。

6
缠至中间后，加入已经事先在根部铁丝上缠线2.5cm左右的花朵。

7
涂上黏合剂，缠上3mm左右的线。为了防止茎部变得太粗，剪断几根线和花艺铁丝。

8
涂上黏合剂，继续缠线至底座的最后。

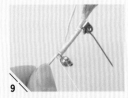

9
避开金属配件，将线拉至底座的左端。在花艺铁丝上涂上黏合剂，再缠上5mm左右的线。

10
剩下的叶子在缠线终点位置剪断较短的花艺铁丝。

11
安全别针上的花朵和叶子也同样剪断较短的花艺铁丝。

12
并入剩下的叶子，涂上黏合剂后继续缠线。参照p.39处理好末端，作品就完成了。

一枝花的胸针

使用了带枝干的植物,作品更加饱满。
柔美的花姿令人印象深刻。
也可以用金桂和樱花制作。

成品尺寸 —— 全长11cm
　　　　　　　花的直径1cm
　　　　　　　叶子的长度2cm

材料

勿忘我(p.34,小花)·············12朵
勿忘我(p.34,叶子<大>)·············2片
勿忘我(p.34,叶子<中>)·············3片
勿忘我(p.34,叶子<小>)·············1片
DMC Cordonnet Special(BLANC 80号)
纸包花艺铁丝(白色 35号)
纸包花艺铁丝(白色 35号,20cm)·······12根
安全别针(3cm)·············1个

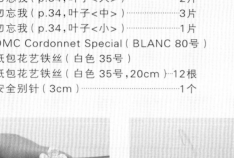

1
钩织小花和叶子。用锥子将勿忘我小花中心向外1针的相邻两处针目戳大一点。

2
在花艺铁丝(35号20cm)的一端约2cm处折弯。

3
在步骤1中戳大的2处针目里插入花艺铁丝。

4
将花艺铁丝穿至根部,涂上黏合剂,缠上1.5cm左右的线。其他的小花也用相同的方法制作。

5
给小花和叶子喷上定型喷雾剂后晾干。一边观察整体形态是否均衡,一边调整缠线的长度,将小花组合在一起。

6
组合5朵小花后,再依次与事先缠了少许线的叶子(大、中、小各1片)进行组合。

7
缠上3mm左右的线后,将花枝粘贴在安全别针的底座上(事先包好双面胶)。涂上黏合剂后继续缠线。

8
连同花枝和底座一起缠上5mm左右的线后,并入下一片叶子。

9
再缠上少许线,并入下一片叶子。

10
涂上黏合剂,缠线至底座的最后。参照p.64避开金属配件继续缠线。

11
按步骤1~5的相同方法,组合剩下的7朵小花。与步骤10的花枝并在一起,涂上黏合剂后继续缠线。

12
依次并入1片叶子(大)、2片叶子(中)组合在一起。最后参照p.39处理好末端,作品就完成了。

花环胸针

在花艺铁丝上缠线,制作成花环的底座。
花朵在柔韧富有动感的花艺铁丝上显得格外迷人。
钩织三色堇(p.40)花朵和叶子后穿入花艺铁丝,
缠上少许线,喷上定型喷雾剂后晾干备用。

成品尺寸 —— 花环的直径5cm
花的直径1.7cm
叶子的直径1cm

材料

三色堇(p.40,花朵)·············2朵
三色堇(p.40,叶子<大、小>)·········各2片
DMC Cordonnet Special(ECRU 80号)
纸包花艺铁丝(白色 35号)
DMC Cordonnet Special(ECRU 80号)
纸包花艺铁丝(白色 26号)·········1根
安全别针(1.5cm)·············1个

1
参照p.62的步骤 **1**、**2**,
在纸包花艺铁丝(26号)
的一端缠线。

2
一边在花艺铁丝上涂上少许
黏合剂,一边缠上4cm左
右的线。

3
将2朵花和叶子(小)组合
在一起,再与步骤 **2** 中的花
艺铁丝对齐缠线终点位置并
在一起。

4
涂上黏合剂后继续缠线。接
着并入叶子(大),涂上黏
合剂后继续缠线。

5
并入另一片叶子(大),对
齐缠线终点位置,涂上黏合
剂后继续缠线。

6
用相同的方法再并入叶
子(小),对齐缠线终点
位置,涂上黏合剂后继续缠
线。

7
错开长度,剪断较短的花艺
铁丝,以免茎部突然变细。

8
修剪后的状态。花艺铁丝的
剪断位置依次错开。

9 一边涂上少许黏合剂，一边继续缠线。

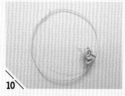

10 在整根花艺铁丝上缠线后的状态。将线剪断。

11 在连接花朵的一端制作一个直径约5cm的圆环。放上安全别针，确认安装位置。

12 将花艺铁丝绕上3~4圈后，将末端穿入圆环中。

13 接着在圆环上缠绕铁丝。

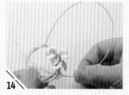

14 在基础圆环上松松地缠绕铁丝，完成后的作品会更美观。

15 依次在花朵和叶子之间穿过铁丝。

16 在空隙中穿梭缠绕花艺铁丝，以免破坏花朵和叶子的形状。

17 缠绕1圈后的状态。

18 将花艺铁丝的缠绕起点与缠绕终点以及另一根铁丝并在一起，粘上双面胶。

19 沿着双面胶的边缘剪断缠绕终点的花艺铁丝。

20 缠绕起点的花艺铁丝也沿着双面胶的另一边剪断。

21 先用双面胶包住安全别针的底座，将其放在铁丝圆环上，再用刚才的双面胶一起包住花艺铁丝和安全别针的底座。

22 包在一起后的状态。

23 取1根长30cm左右的新线，如图所示将线头对齐底座的左端，粘贴在底座上。

24 从底座的一端将线拉过来，再从底座以及固定底座的2根铁丝的下方将线拉出。

25 用镊子将线从花艺铁丝中间拉出至前面。

26 从右端开始将线缠在底座和花艺铁丝上。将线拉出至前面时请使用镊子。

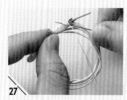

27 缠线至底座的另一端后，左右翻转方向拿好。将线头穿入缝针，在缠线终点位置穿针。

28 将线拉出后，在根部剪断，作品就完成了。

花朵的制作方法

本书介绍的花朵可以分为下面几种制作方法。
虽然具体的编织图解各不相同，只要了解了制作方法的类型，操作起来就会容易很多。
前面的练习教程就选择了其中4种花型进行讲解。

一体成型地钩织花瓣（银莲花）

这是在1片织物里钩织若干层花瓣。开始钩织前，请先正确理解需钩入花瓣的位置。使用这种方法的作品有银莲花、蒲公英、玫瑰等。

重叠花瓣（三色堇）

分别钩织2~3层花瓣，再重叠起来制作成花朵的形状。每层花瓣钩织起来也比较容易。使用这种方法的作品有三色堇、白车轴草、昙花、一品红等。

组合小花（勿忘我）

钩织小花，分别穿入花艺铁丝后组合在一起。一朵朵的小花很容易钩织，非常适合用于练习。使用这种方法的作品有勿忘我、金桂、铃兰等。红叶和常春藤的制作方法也属于这一类。

组合花瓣（绣球花）

与小花的制作方法类似，钩织一片一片的花瓣，再组合成1朵花。钩织方法并不难，也很容易制作。使用这种方法的作品有绣球花、樱花、百合等。

卷成花形（玫瑰花）

横向钩织长长的织片，从一端向内卷成花朵的形状。本书只有玫瑰花用的是这种制作方法。钩织本身并不难，如何卷得更漂亮才是关键。

其他

立体钩织的柠檬、尤加利是将线缠在花艺铁丝上制作成果实。作品的制作方法页中分别介绍了要领，请作为参考。

红叶

红叶的叶子前端比较尖细。

钩织大、中、小3种叶子,组合起来制作成1枝。

整体造型仿佛从树上垂下来的枝条。

- 作品图 ——— p.19
- 成品尺寸 ——— 全长11cm
  叶子的直径0.7~1.5cm

材料

DMC Cordonnet Special (ECRU 80号)
纸包花艺铁丝 (白色 35号)

制作方法

1 按编织图解钩织 6 片叶子 (大)、6 片叶子 (中)、4 片叶子 (小)。

2 参照p.45的步骤**55**、**56**,在叶子中穿入花艺铁丝,喷上定型喷雾剂后晾干。

3 分别按叶子 (中、小) 并成 1 组 (A),按叶子 (大、中) 并成 1 组 (B),按叶子 (大、中、小) 并成 2 组 (C) 备用。

4 先将A与B组合在一起,然后分 2 次加入C,注意整体形态的均衡性。

5 涂上黏合剂,在根部缠上4cm左右的线。

6 在 1 片叶子 (大) 的根部缠上线,与 1 片叶子 (中) 并成 1 组 (D)。

7 将叶子 (大、中、小) 各 1 片并在一起,缠上少许线,再并入 1 片叶子 (大) 继续缠线。

8 接着加入步骤 **6** 中的D继续缠线。

9 将步骤 **5** 与步骤 **8** 组合在一起继续缠线,最后缠线终点做好末端处理。

编织图解

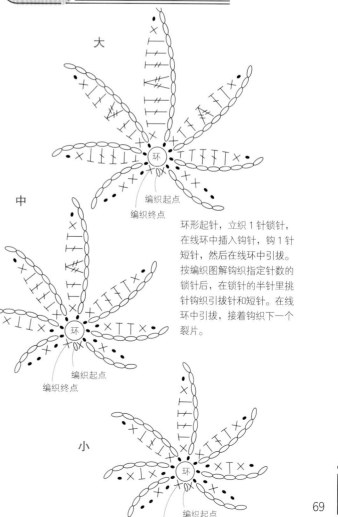

大

中

小

环

编织起点
编织终点

环形起针,立织 1 针锁针,在线环中插入钩针,钩 1 针短针,然后在线环中引拔。按编织图解钩织指定针数的锁针后,在锁针的半针里挑针钩织引拔针和短针。在线环中引拔,接着钩织下一个裂片。

常春藤

裂片之间用线缝合固定，
制作出常春藤叶子的形状。
将叶子（小）都组合在枝头。

作品图 ———— p.13
成品尺寸 ———— 全长10.5cm
叶子的直径1.3cm

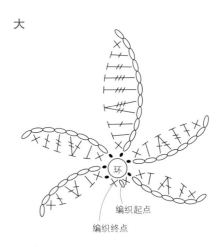

材料

DMC Special Dentelles（NOIR 80号）
纸包花艺铁丝（白色 35号）

制作方法

1　按编织图解钩织20片叶子（大）、5片叶子
　　（小）。编织终点留出30cm左右的线头剪断。

2　参照p.71，用线缝合裂片。

3　参照p.45的步骤55、56，在叶子中穿入花艺铁丝，
　　调整形状后喷上定型喷雾剂。

4　在一片叶子（小）的根部缠上8mm左右的线，
　　在另一片叶子（小）的根部缠上5mm左右的线，
　　将这2片叶子（小）组合在一起。缠上8mm左
　　右的线后，用相同方法依次与事先在根部缠上
　　5～8mm线的其他叶子组合在一起。为了防止枝
　　干显得太粗，适当错开并剪断几根花艺铁丝。

5　除了最初的叶子，将其他叶子从根部折弯铁丝，
　　使叶子立起来。再将枝干调整成下垂的形状。

6　所有叶子组合完成后，再缠上2.5cm左右的线。
　　最后缠线终点做好末端处理。

编织图解

大

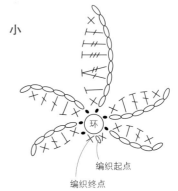

编织起点
编织终点

小

编织起点
编织终点

叶子的钩织方法与p.69的红叶相同。

制作要领 裂片之间缝合固定，完成叶子的形状。

将长线头穿入缝针，反面朝上拿好。在第1个和第2个裂片的边缘各挑1根线缝合。

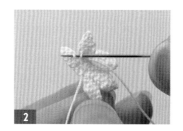

在步骤1稍微外侧一点，用相同方法在2个裂片的边缘各挑1根线缝合。

再往外侧一点，用相同方法在2个裂片的边缘各挑1根线缝合。

在第2个裂片的中间插入缝针将线拉出，注意针脚不要在正面露出。

按步骤1～3的方法，这次是由外侧向内侧，在第2个和第3个裂片之间挑针缝合。

在第3个裂片的中间挑针将线拉出，注意针脚不要在正面露出。

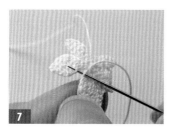

按步骤1～3的方法，这次是由内侧向外侧，在第3个和第4个裂片之间挑针缝合。

在第4个裂片的中间插入缝针将线拉出，注意针脚不要在正面露出。

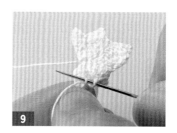

在第4个和第5个裂片的边缘各挑1根线缝合。

在步骤9稍微内侧一点，用相同的方法在2个裂片的边缘各挑1根线缝合。

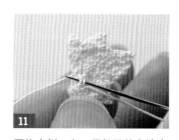

再往内侧一点，用相同的方法在2个裂片的边缘各挑1根线缝合。

这是全部缝合后的状态（正面）。反面的缝合位置如箭头所示。

樱花

加入花艺铁丝，
钩织一片片的花瓣制作而成。
花瓣相互重叠，栩栩如生。
花萼等细节部分也非常精致。

作品图 —— p.9
成品尺寸 —— 全长11cm
花的直径2cm

材料

DMC Cordonnet Special（ECRU 80号、BLANC 80号）
纸包花艺铁丝（白色 35号）
玻璃微珠

制作方法

1 按编织图解钩织5片花瓣、1个花萼。加入花艺铁丝的钩织方法请参照p.36~39。花萼的线环不要拉得太紧，留出2mm左右的小孔。

2 将1片花瓣和花萼的编织终点留出30cm左右的线头剪断。其他的花瓣都将线头剪短备用。将花瓣的其中一根铁丝剪至1.5cm左右。调整形状后喷上定型喷雾剂晾干。

3 参照p.73的制作要领，将花瓣并在一起，然后与花萼组合起来，再将玻璃微珠粘贴在花朵的中心。

4 用相同的方法再制作6朵花。

5 将2朵花组合在一起，缠上3cm左右的线。

6 将5朵花组合在一起缠上线，再用线在根部缠上10圈左右。

7 将步骤5与步骤6组合在一起，缠上5cm左右的线。最后缠线终点并做好末端处理，调整花朵的方向。

编织图解

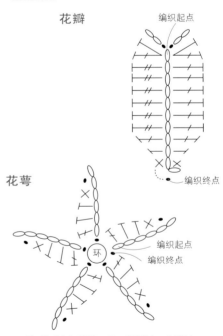

花瓣

编织起点

编织终点

花萼

编织起点
编织终点
环

环形起针后立织锁针。钩6针锁针，在锁针的半针里挑针钩织引拔针和短针等。在线环中引拔，接着钩织下一个萼片的6针锁针。

制作要领 加入花艺铁丝钩织花瓣，将5片花瓣组合成1朵小花。

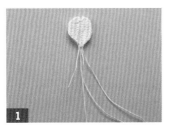

1 先将花瓣中的 1 根铁丝剪至 1.5cm左右。

2 将5片花瓣并在一起拿好，调整形状。将花艺铁丝折成90°，操作起来会更加方便。

3 在根部涂上少许黏合剂，缠上3圈左右的线。

4 茎部只留下 3 根长铁丝，留出一段距离作为花萼下方的鼓起部分，剪断剩余的花艺铁丝和线头。涂上适量的黏合剂。

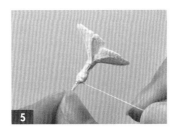

5 在涂上黏合剂的部分来回缠线若干次，使其形成圆鼓鼓的形状。

6 装上花萼前，下方的鼓起部分完成后的状态。

7 将花萼的反面朝上，穿入花朵的花艺铁丝，使花萼的前端位于花瓣之间。

8 在花朵的根部涂上黏合剂，粘贴好花萼。将短线头留出3mm左右剪断，一起粘好。

9 一边涂上黏合剂，一边缠绕花萼的长线头。

10 在花朵的中心涂上黏合剂。

11 将花朵放入盛有玻璃微珠的容器中。

12 抖落多余的玻璃微珠。

金桂

一朵朵小花聚集在一起的金桂可爱极了。

制作方法与勿忘我一样，

都是将小花组合在一起，

请参照p.34~39的制作方法。

- 作品图 ——— p.18
- 成品尺寸 ——— 全长7cm

  叶子的长度：（大）2.5cm、

  （中）2cm、（小）1.5cm

材料

DMC Cordonnet Special（ECRU 80号）

纸包花艺铁丝（白色 35号）

制作方法

1 按编织图解钩织36朵小花、3片叶子（大）、3片叶子（中）、2片叶子（小）。加入花艺铁丝的钩织方法请参照p.36~39。

2 参照p.39的步骤**52**，在小花中穿入花艺铁丝。调整小花和叶子的形状后，喷上定型喷雾剂晾干。

3 将小花分成15朵1组（A）、12朵1组（B）、9朵1组（C）。参照p.75的制作要领，分别组合小花，制作成A、B、C 3个花束。

4 将花束B与叶子（大、中）并在一起，缠上2.5cm左右的线。

5 将花束C与叶子（大、中、小）并在一起，缠上5mm左右的线。

6 将步骤**4**与步骤**5**并在一起缠上少许线。为了避免枝干变得太粗，剪断多余的铁丝和短线头。再缠上2.5cm左右的线。

7 将花束A与叶子（大、中、小）并在一起，缠上5mm左右的线。

8 将步骤**6**与步骤**7**并在一起缠上少许线。为了避免枝干变得太粗，剪断多余的铁丝和短线头。再缠上3cm左右的线。最后缠线终点做好末端处理，调整小花和叶子的方向。

小花

编织起点
编织终点
环

叶子（大）

编织终点

叶子（中）

编织终点

叶子（小）

编织终点

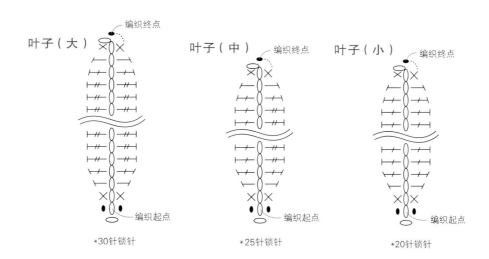

编织起点

编织起点

编织起点

*30针锁针

*25针锁针

*20针锁针

制作要领 将每3朵小花并成1束组合在一起。

1

参照p.39在小花中穿入花艺铁丝，每3朵小花并成1束。缠上5mm左右的线。

2

将步骤 **1** 中制作的花束对齐缠线终点位置组合在一起。

3

将花束组合成圆形。出现空隙时，也可以加入单独的小花填补，使整体更加均衡。

铃兰

圆鼓鼓的花形十分可爱。
将花朵根部的茎部折弯，
使铃兰的形态更加逼真。
请参照勿忘我（p.34）的制作方法。

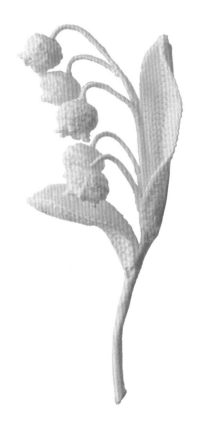

作品图 ——— p.14
成品尺寸 —— 全长6cm
花的直径6mm，叶子的长度3cm

材料

DMC Cordonnet Special（BLANC 80号）
DMC Special Dentelles（NOIR 80号）
纸包花艺铁丝（白色 35号）

制作方法

1 按编织图解钩织5朵小花、2片叶子。加入花艺铁丝的钩织方法请参照p.36~39。

2 参照p.77制作要领，从小花的中心拉出线，调整成圆形。

3 参照p.39的步骤**52**在小花中穿入花艺铁丝。小花和叶子调整形状后，喷上定型喷雾剂晾干。

4 在1朵小花的根部缠上2cm左右的线，剩下的小花分别缠上1~1.5cm的线。叶子分别缠上2mm左右的线备用。

5 将缠好2cm线的小花与另一朵小花并在一起，缠上5mm左右的线。

6 用相同的方法，依次并入剩下的小花并组合在一起。

7 将1片叶子放在茎部的后面并在一起，缠上3mm左右的线。

8 将剩下的1片叶子放在茎部的前面并在一起，缠上2cm左右的线。

9 最后缠线终点做好末端处理，调整小花和叶子的方向。

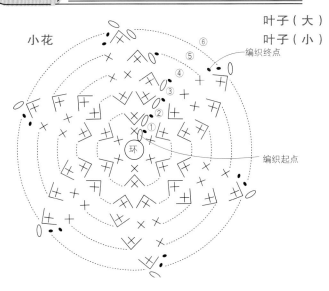

小花

叶子（大）
叶子（小）

编织终点

编织起点

⑥
⑤
④
③
②
①
环

编织起点

* 大：35针锁针
* 小：25针锁针

环形起针，钩入6针短针后收紧线环。第2、3圈在短针的头部插入钩针，一边加针一边钩织。第4~6圈在短针的头部插入钩针，一边减针一边钩织。

制作要领 钩织小花后，用烫头等工具调整形状。

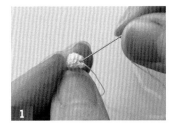

1 将编织起点的线头贴着针脚剪断。将小花编织终点的线头留出30cm左右剪断，穿入缝针，在线头所在针目的边上插入缝针。

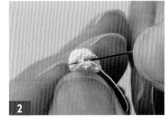

2 在往前一针的位置出针。

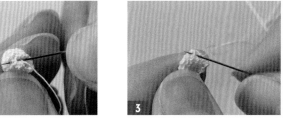

3 用相同的方法，朝中心挑起1针穿针。

4 最后从小花根部的中心出针，将线拉出。

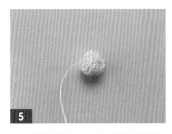

5 从小花根部的中心拉出线后的状态。

6 将小花放在烫花垫上，插入铃兰镘（极小）烫头，一圈圈地转动调整形状。

薰衣草

依次并入娇小的花朵，
组合在一起制作而成。
制作要领是一层一层地组合。
制作方法与勿忘我（p.34）同一类型。

作品图 ——— p.10
成品尺寸 ——— 全长6.5cm
花的长度5mm，叶子的长度:（大）2.3cm、（小）1.8cm

材料

DMC Cordonnet Special（BLANC 80号）
纸包花艺铁丝（白色 35号）

制作方法

1 按编织图解钩织 2 朵花（小）、10朵花（大）、1 片叶子（大）、2 片叶子（小）。编织终点留出20cm左右的线头剪断。加入花艺铁丝的钩织方法请参照p.36~39。叶子调整形状后喷上定型喷雾剂晾干。

2 小花参照p.79穿入花艺铁丝，每次并入 2 朵花进行组合。

3 将小花全部组合在一起后，缠上7mm左右的线。叶子（小）在根部缠上 3 圈左右的线，放在茎部的右侧，再缠上 3 圈线。

4 叶子（大）在根部缠上 3 圈左右的线，放在茎部的左侧，再缠上3mm左右的线。

5 剩下的叶子（小）在根部缠上 3 圈左右的线，放在茎部的前侧。

6 继续缠上2.5cm左右的线。最后缠线终点做好末端处理，调整小花和叶子的方向。

花（小）　　　　　　　花（大）　　　　　　叶子

编织起点
编织终点

编织起点
编织终点

环形起针，钩5针锁针，在锁针的半针里插入钩针钩织中长针、短针、引拔针。在线环中引拔后，接着钩织下一片花瓣。

编织起点
编织终点

* 大：25针锁针
* 小：20针锁针

制作要领　先在小花中穿入花艺铁丝，再两朵两朵地组合。

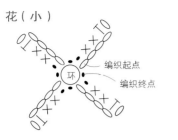

先将花（小）的编织终点的线头穿至反面。将花艺铁丝的一端插入小花的中心。

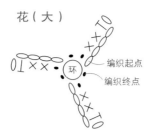

在1.5cm左右位置折弯花艺铁丝，将长的一端铁丝夹在花瓣之间。

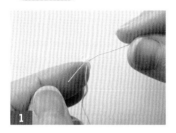

在小花的根部压紧花艺铁丝。

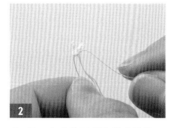

用拇指和食指捏住花瓣，调整形状使花瓣朝上。

用相同的方法，在剩下的1朵花（小）和10朵花（大）中穿入花艺铁丝。喷上定型喷雾剂后晾干。

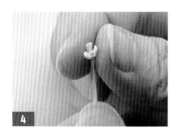

分别在2朵花（小）的根部缠上2mm左右的线。接着将2朵花并在一起缠线。

缠上5mm左右的线后，在茎部的左右两侧各加入1朵花。剩下的花（大）也用相同的方法组合在一起。

绣球花

这个白色的绣球花
有着大大的花瓣。
与樱花（p.72）一样加入花艺铁丝钩织花瓣，
再将花瓣组合在一起制作而成。

作品图 ———— p.8
成品尺寸 ———— 全长6.5cm
　　　　　　 花的直径1.5cm

材料

DMC Cordonnet Special（ECRU 80号）
手工艺专用裸铁丝（直径0.2mm）
人造仿真花蕊（蕊头直径约2mm）

制作方法

1 按编织图解钩织4片花瓣。加入铁丝的钩织方法请
参照p.36~39。在根部剪断较短的线头和铁丝。喷
上定型喷雾剂后晾干。

2 参照p.73，组合4片花瓣，在根部缠上1cm左右的
线。

3 剪下人造仿真花蕊的蕊头，用黏合剂粘贴在花朵的中
心。

4 用相同的方法再制作19朵花。

5 每4朵花组合在一起缠上线，制作5个花束。分别
在根部缠上1.5cm左右的线。

6 在中心花束的周围，依次并入其他花束，缠上5圈
左右的线。制作要领是组合成圆形。

7 将花束全部组合在一起后，继续缠上5cm左右的线。
最后缠线终点做好末端处理，调整花朵的方向。

编织图解

花瓣

编织起点

编织终点

制作要领

1

在花瓣的根部剪断编织起点的短
线头以及较短的铁丝。

2

参照p.73，将4片花瓣组合在一
起。将铁丝折成90°，操作起
来会更加方便。

百合

百合也是将一片片的花瓣
组合起来制作而成。
组合花瓣的位置非常关键。
花朵的根部要逐渐变细。

作品图 ——— p.6
成品尺寸 ——— 全长6.5cm
花瓣的直径2cm，叶子的长度1.5cm

材料

DMC Cordonnet Special（BLANC 80号）
DMC Special Dentelles（NOIR 80号）
纸包花艺铁丝（白色 35号）
人造仿真花蕊（蕊头直径约2mm）

制作方法

1　按编织图解钩织6片花瓣、1片叶子。加入纸包花
　　艺铁丝的钩织方法请参照p.36~39。调整形状后，
　　喷上定型喷雾剂晾干。

2　参照制作要领步骤 **1**，先组合3片花瓣，在根部
　　缠上3圈左右的线。

3　参照制作要领步骤 **2**，在花瓣之间涂上少许黏合
　　剂，并入剩下的3片花瓣，使其夹在前3片花瓣之间。

4　缠上少许线，剪断纸包花艺铁丝，使花朵的根部慢
　　慢变细。缠上1.5cm左右的线。

5　叶子在根部缠上2mm左右的线，放在茎部的后面
　　并在一起。

6　缠上5cm左右的线，缠线终点做好末端处理。调整
　　花朵的方向。

7　取1根人造仿真花蕊，在其周围稍微往下一点加入
　　6根花蕊并成一束。

8　参照p.83，在蕊头的下端涂上黏合剂，用线头缠成
　　一束。

9　等黏合剂晾干后，在距离蕊头6mm左右的位置剪
　　断。在花朵的中心涂上黏合剂，将步骤8的一束花
　　蕊粘贴在上面。

编织图解

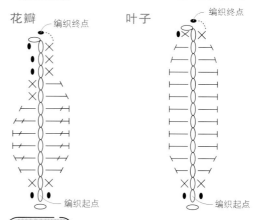

花瓣　编织终点
叶子　编织终点

编织起点　编织起点

制作要领

1

将3片花瓣组合在一起。在外侧的
花瓣与花瓣之间涂上黏合剂。

2

将剩下的3片花瓣夹在前3片花
瓣之间。

玫瑰

与银莲花（p.46）一样，
在1片织物里钩织若干层的花瓣。
开始编织之前，先要正确理解钩入花瓣的位置。

作品图 —— p.20
成品尺寸 —— 花的直径2.5cm，叶子的长度1cm

材料

DMC Cordonnet Special（ECRU 80号、BLANC 80号）
纸包花艺铁丝（白色 35号）

制作方法

1 参照p.46~53，按编织图解钩织1朵花和2片叶子。编织终点留出30cm左右的线头，剪断。叶子的制作方法也与银莲花的叶子相同。调整形状后，喷上定型喷雾剂晾干。

2 花朵参照p.53穿入花艺铁丝，在根部缠上1cm左右的线。

3 叶子分别在根部缠上5mm左右的线。

4 将1片叶子放在茎部的后面，在其右侧放上另一片叶子，并在一起后继续缠线。

5 缠上5cm左右的线，缠线终点做好末端处理，调整花朵和叶子的方向。

6 参照p.83的制作要领，将人造仿真花蕊缠成一束。在花朵的中心涂上黏合剂，将花蕊粘贴在上面。

编织图解

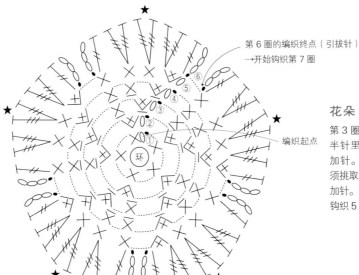

第6圈的编织终点（引拔针）
→开始钩织第7圈

编织起点

花朵（第1~6圈）

第3圈和第4圈都是在后面半针里挑针，一边钩织一边加针。第5圈照常挑针（无须挑取半针），一边钩织一边加针。第6圈立织3针锁针，钩织5片花瓣。

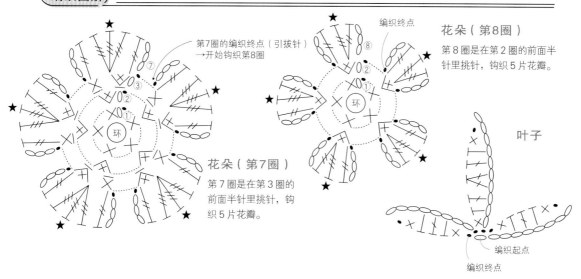

第7圈的编织终点（引拔针）
→开始钩织第8圈

编织终点

花朵（第8圈）

第8圈是在第2圈的前面半针里挑针，钩织5片花瓣。

花朵（第7圈）

第7圈是在第3圈的前面半针里挑针，钩织5片花瓣。

叶子

编织起点

编织终点

制作要领 将人造仿真花蕊缠成一束粘贴在花朵上。要给花蕊上色时，请参照制作要领步骤 **8**。

1 取12~13根人造仿真花蕊并在一起，剪至一半长度。

2 用镊子对齐蕊头。

3 在蕊头的下方涂上黏合剂。

4 剪一根长约15cm的线，将线头与花蕊并在一起拿好。也可以使用零线头。

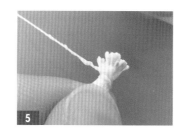

5 在蕊头稍微往下准备剪断的位置缠上线。

6 等黏合剂晾干后，在缠线位置剪下花蕊。

7 在花朵的中心涂上黏合剂，再将花蕊粘贴在上面。

8 给花蕊上色时，可以用油性马克笔涂上颜色。

蒲公英

蒲公英的制作方法与银莲花（p.46）相同，
需要钩织10圈的花瓣。
编织结束后，再调整一下形状会更加精美。

作品图 —— p.15
成品尺寸 —— 全长8cm，花的直径1.5cm

材料

DMC Cordonnet Special（BLANC 80号）
纸包花艺铁丝（白色 35号）

制作方法

1 参照p.46~53，按编织图解钩织花朵和花萼。
参照p.85的制作要领，每钩织完1圈花瓣就
用镊子调整一下形状。编织终点留出30cm左
右的线头，剪断。调整形状后，喷上定型喷
雾剂晾干。

2 参照p.53，在花朵中穿入花艺铁丝，缠上3
圈左右的线。调整形状后，喷上定型喷雾剂

晾干。

3 将花萼反面朝上，在花朵中心插入花艺铁丝。
在花朵的根部涂上黏合剂，粘好花萼。

4 用花萼的线继续在花艺铁丝上缠绕。

5 缠上6cm左右的线，最后缠线终点做好末
端处理，调整花朵的方向。

编织图解

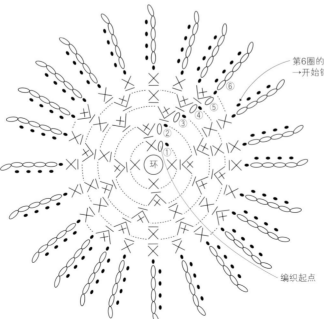

第6圈的编织终点（引拔针）
→开始钩织第7圈

⑥
⑤
④③
②
①
环

花朵（第1~6圈）

第2~5圈是在后面半
针里挑针，一边钩织一
边加针。第6圈立织5
针锁针，钩织24片花
瓣（无须挑取半针）。

编织起点

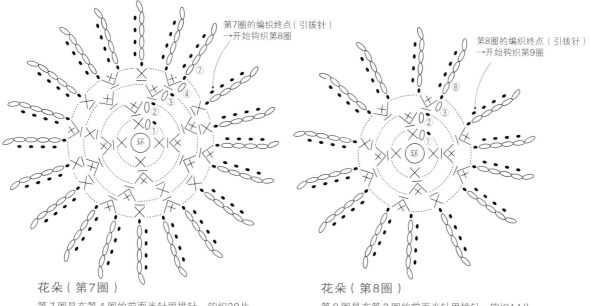

第7圈的编织终点（引拔针）
→开始钩织第8圈

第8圈的编织终点（引拔针）
→开始钩织第9圈

花朵（第7圈）

第7圈是在第4圈的前面半针里挑针，钩织20片花瓣。

花朵（第8圈）

第8圈是在第3圈的前面半针里挑针，钩织14片花瓣。

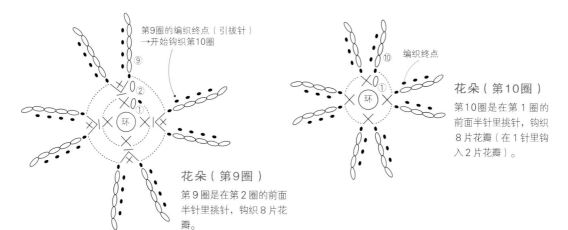

第9圈的编织终点（引拔针）
→开始钩织第10圈

编织终点

花朵（第10圈）

第10圈是在第1圈的前面半针里挑针，钩织8片花瓣（在1针里钩入2片花瓣）。

花朵（第9圈）

第9圈是在第2圈的前面半针里挑针，钩织8片花瓣。

制作要领 每钩织1圈花瓣就要调整一下形状。

钩织至第6圈花瓣后的状态。依次用镊子夹住1片花瓣，调整形状。

花萼

编织终点

编织起点

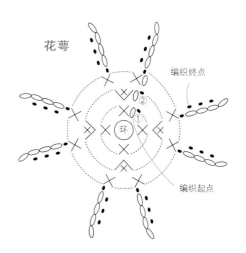

白车轴草

重叠3层花瓣组合成1朵花，
其中2层花瓣的制作方法与银莲花（p.46）相同。
要将花瓣的形状调整得更具立体感。
叶子有三小叶和四小叶两种。

作品图 —— p.15
成品尺寸 —— 全长9cm
　　　　　　花的直径1.2cm，叶子的直径1.2cm

材料

DMC Cordonnet Special（ECRU 80号、BLANC 80号）
纸包花艺铁丝（白色 35号）

制作方法

1 按编织图解钩织花瓣A、B、C及叶子。从上往下按A、B、C的顺序重叠，组合成花朵。花瓣B、C的钩织方法请参照p.46~53。参照p.85的制作要领，每钩织1圈花瓣就用镊子调整一下形状。

2 花瓣A、B的编织终点留出10cm左右的线头，花瓣C的编织终点留出30cm左右的线头，剪断。调整形状后，喷上定型喷雾剂晾干。

3 花朵参照p.87的制作要领进行重叠组合。缠上8cm左右的线，缠线终点做好末端处理，调整花朵的方向。调整形状后，喷上定型喷雾剂晾干。

4 叶子分别按编织图解钩织，参照p.53在叶子中穿入花艺铁丝。编织终点留出30cm左右的线头剪断。调整形状后，喷上定型喷雾剂晾干。缠上7cm左右的线，最后缠线终点做好末端处理。

编织图解

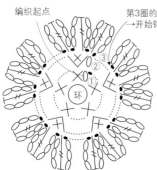

编织起点
第3圈的编织终点（引拔针）
→开始钩织第4圈

花瓣C（第1~3圈）
第3圈是在第2圈的后面半针里挑针，钩织15片花瓣（第2圈一共10针，在1针里钩入2片花瓣，在下一针里钩入1片花瓣，交替重复钩织15片花瓣）。

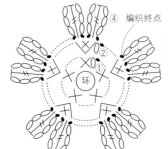

④ 编织终点

花瓣C（第4圈）
第4圈是在第2圈的前面半针里挑针，钩织10片花瓣。

③ 编织起点

② 第3圈的编织终点（引拔针）
①→开始钩织第4圈

环

花瓣B（第1~3圈）

第2圈是在后面半针里挑针，一边钩织一边加针。第3圈立织3针锁针，钩织8片花瓣。

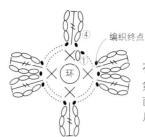

④ 编织终点

① 环

花瓣B（第4圈）

第4圈是在第1圈的前面半针里挑针，钩织6片花瓣。

三小叶

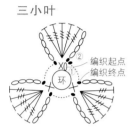

② 编织起点

编织终点

环

四小叶

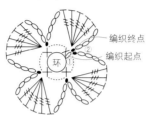

② 编织终点

① 环

编织起点

编织起点

编织终点

花瓣A

钩4针锁针，在最初的针目里钩入长长针，接着钩3针锁针，在同一个针目里引拔。另一片花瓣接着钩3针锁针，在第1片花瓣相同的针目里钩入长长针，再钩3针锁针，在同一个针目里引拔。

制作要领 重叠3层花瓣组合成花朵。

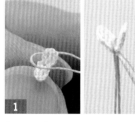

1 将花艺铁丝对折，将对折处套在花瓣A的正中间。在根部压紧花艺铁丝。

2 将步骤**1**中花瓣A的铁丝穿入花瓣B的中心。

3 将花瓣A的线留出3mm左右剪断。在花瓣B的中心涂上黏合剂。

4 将花瓣A插至根部粘贴好。

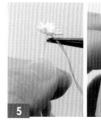

5 在花瓣C的中心穿入花艺铁丝，将花瓣B的线留出3mm左右剪断。在花瓣C的中心涂上黏合剂，将花瓣B插至根部粘贴好。

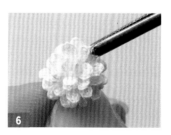

6 用镊子一片一片地夹住花瓣，调整形状。

一品红

制作方法与三色堇（p.40）同一类型。
钩织4层花瓣重叠在一起，给人华丽的感觉。
最后在中心粘贴金色的玻璃微珠。

作品图 ——— p.20
成品尺寸 ——— 全长7cm，花的直径2cm，
叶子的长度1.2cm

材料

DMC Cordonnet Special（BLANC 80号）
纸包花艺铁丝（白色 35号）
玻璃微珠（金色）

制作方法

1 按编织图解钩织花瓣A、B、C、D各1片。仅花瓣D的编织终点留出30cm左右的线头，其他花瓣留出10cm左右的线头，剪断。

2 钩织4片叶子。加入花艺铁丝的钩织方法请参照p.36~39。调整形状后，喷上定型喷雾剂晾干。在根部缠上5mm左右的线头。

3 将花艺铁丝对折，在花瓣A的中心穿入铁丝的一端。将另一端夹在花瓣之间，在根部压紧花艺铁丝。花瓣的重叠方法请参照p.87的制作要领。

4 将花瓣A的花艺铁丝穿入花瓣B的中心，将花瓣A的线留出3mm左右剪断。在花瓣B的中心涂上黏合剂，将花瓣A插至根部粘贴好。

5 在花瓣C的中心穿入花艺铁丝，将花瓣B的线留出3mm左右剪断。在花瓣C的中心涂上黏合剂，将花瓣B插至根部粘贴好。

6 在花瓣D的中心穿入花艺铁丝，将花瓣C的线留出3mm左右剪断。在花瓣D的中心涂上黏合剂，将花瓣C插至根部粘贴好。

7 从花朵的根部往下缠上1.5cm左右的线。

8 在茎部的左右两边，错落有致地依次并入1片叶子，缠上线。

9 所有叶子组合完成后，缠上4cm左右的线，缠线终点做好末端处理。调整形状后，喷上定型喷雾剂晾干。

10 参照p.73的制作要领，在中心粘贴玻璃微珠。

编织图解

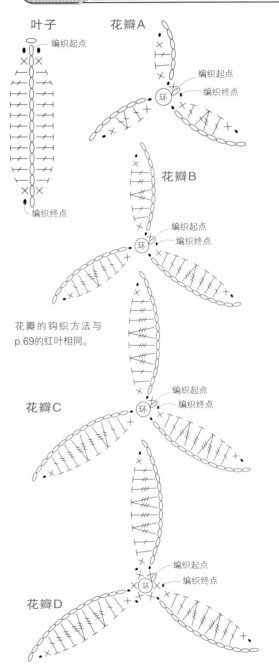

叶子　　　花瓣A
编织起点
编织起点
编织终点
环

花瓣B
编织起点
编织终点
环

花瓣的钩织方法与
p.69的红叶相同。

花瓣C
编织起点
编织终点
环

花瓣D
编织起点
编织终点
环

编织终点

昙花

大朵的昙花漂亮极了，
特意没有制作茎部，只是钩织了花朵。
这款花很适合用来制作耳钉。
花朵的组合方法与一品红（p.88）相同。

作品图 ——— p.17
成品尺寸 ——— 花的直径3cm

材料

DMC Cordonnet Special（BLANC 80号）
纸包花艺铁丝（白色 35号）
玻璃微珠

制作方法

1 按编织图解钩织花瓣A、B、C、D各1片。
   仅花瓣D的编织终点留出30cm左右的线
   头，其他花瓣留出10cm左右的线头剪断。

2 将花艺铁丝对折，在花瓣A的中心穿入花
   艺铁丝的一端。将另一端插入中心边上的
   针目，在根部压紧花艺铁丝。花瓣的重叠
   方法请参照p.87的制作要领。

3 将花瓣A的花艺铁丝穿入花瓣B的中心，将
   花瓣A的线留出3mm左右剪断。在花瓣B
   的中心涂上黏合剂，将花瓣A插至根部粘
   贴好。

4 在花瓣C的中心穿入花艺铁丝，将花瓣B的
   线留出3mm左右剪断。在花瓣C的中心涂
   上黏合剂，将花瓣B插至根部粘贴好。

5 在花瓣D的中心穿入花艺铁丝，将花瓣C
   的线留出3mm左右剪断。在花瓣D的中心
   涂上黏合剂，将花瓣C插至根部粘贴好。

6 调整形状后，喷上定型喷雾剂晾干。参照
   p.73的制作要领，在中心粘贴玻璃微珠。

7 花朵根部的处理方法根据制作的饰品要求
   进行调整。如果制作成胸针、项链或耳坠，
   在根部缠上所需长度的线。如果制作成
   耳钉，可以将花艺铁丝穿入莲蓬头固定
   好，再用线进行缝合。

编织图解

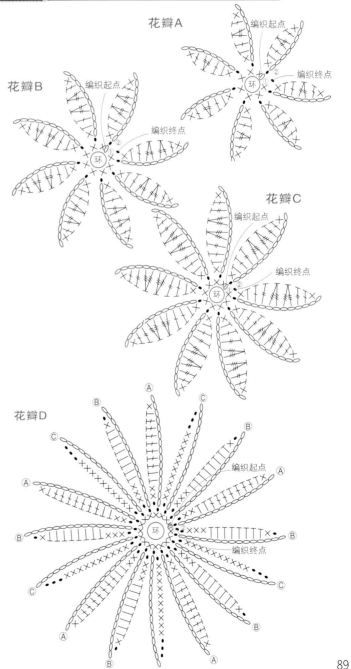

花瓣A
花瓣B
花瓣C
花瓣D
编织起点
编织终点
环

迷迭香

叶子的钩织方法非常简单，
重叠起来组合成独特的形状。
改变叶子的数量，
可以调整作品的大小。

作品图 ———— p.10
成品尺寸 ———— 全长：（大）6cm、（小）5cm
叶子的长度8mm

材料

DMC Cordonnet Special（ECRU 80
号、BLANC 80号）
纸包花艺铁丝（白色 35号）

制作方法

1 按编织图解钩织 1 片二小叶、10片三小叶。仅
二小叶的编织终点留出30cm左右的线头，其他
叶子留出15cm左右的线头，剪断。

2 叶子的组合方法请参照p.91。用二小叶的长线头
缠绕，将几毫米的短线头包在里面缠上几次后剪
断。

3 全部组合完成后，再缠上2cm左右的线。缠线终
点做好末端处理，调整叶子的方向。喷上定型喷
雾剂后晾干。

4 大枝的迷迭香分别钩织 7 片二小叶和三小叶，用
相同的方法制作。

编织图解

二小叶

二小叶的钩织方法：先钩8针锁针，在左侧相邻
锁针的半针里插入钩针，依次钩2针引拔针、3
针短针、2针引拔针。接着钩7针锁针，在左侧
相邻锁针的半针里插入钩针，依次钩2针引拔
针、2针短针、2针引拔针，最后在编织起点
的锁针的半针里引拔。

三小叶

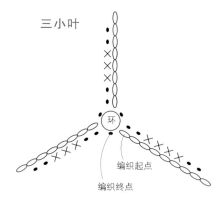

制作要领 重叠叶子时,用最初的二小叶的长线头进行缠绕。

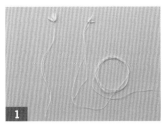

准备好三小叶和二小叶。将1片二小叶的编织终点留出30cm左右的线头,剪断。

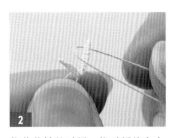

将花艺铁丝对折,将对折处套在二小叶的正中间。

在根部压紧花艺铁丝,缠上3mm左右的线。

在三小叶的中心穿入花艺铁丝。

将三小叶的线头与花艺铁丝并在一起拿好。将二小叶的线头从三小叶的叶片之间穿过,继续缠线。

将三小叶的线头与花艺铁丝并在一起缠上5mm左右的线。加入下一片叶子前剪掉三小叶的线头。

依次重叠三小叶,每次缠上5mm左右的线,再剪掉短线头。

柠檬

先钩织成袋状,再制作成果实。
要领是如何在"小袋子"中塞入碎线头
并调整好形状。
还可以加上小花和叶子作为点缀。

作品图 ——— p.11
成品尺寸 ——— 果实最长处1.2cm
花的直径8mm,叶子的长度8mm

材料

DMC Cordonnet Special（ECRU 80号、BLANC 80号）
纸包花艺铁丝（白色 35号）
玻璃微珠

制作方法

1 按编织图解钩织 1 朵小花。参照p.39穿入
花艺铁丝。调整形状后,喷上定型喷雾剂
晾干。

2 参照p.73的制作要领,在小花的中心粘贴
玻璃微珠。

3 按编织图解钩织叶子。加入花艺铁丝的钩
织方法请参照p.36~39。调整叶子的形状
后,喷上定型喷雾剂晾干。

4 钩织果实。环形起针,钩入 5 针短针后收
紧线环。第 2 圈在短针的头部插入钩针钩
织短针。从第 3 圈开始,在短针的头部插
入钩针,一边钩织一边做加减针。钩织至
第10圈的引拔位置,剩下最后的第11圈
暂停钩织。此时,编织起点的线头位于果
实的反面（内侧）。参照p.93,从外向内
插入钩针,将线头挂在针上,拉出至正面。

5 将花艺铁丝对折,将对折处插入果实中。

6 在果实中塞入碎线头,接着钩织最后一
圈,编织终点引拔后拉出线头。

7 在根部缠上少许的线。将叶子放在茎部的
前面继续缠线。

8 缠上少许的线后,再将小花放在叶子的前
面。缠上5mm左右的线,最后缠线终点
做好末端处理。

果实

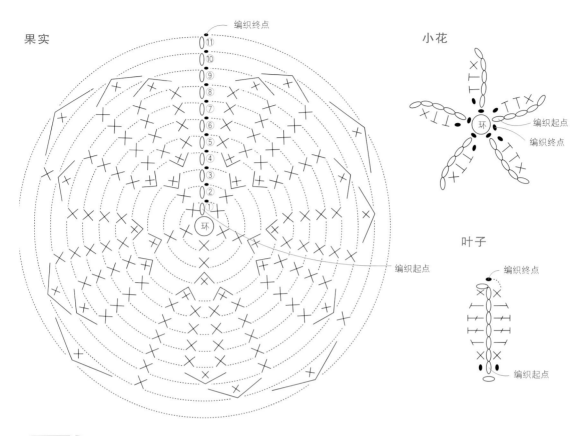

小花

叶子

制作要领 果实钩织至第10圈后，塞入碎线头使其呈现立体感。

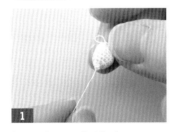

1

将编织起点的线头拉出至正面，拉紧，使果实的前端呈尖尖的形状。

2

钩织至第10圈后，暂停钩织，取下钩针。

3

为了避免操作过程中脱线，先用遮蔽胶带临时固定。

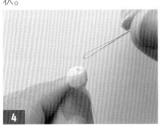

4

将花艺铁丝对折后插入果实中。

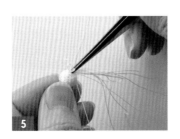

5

用镊子塞入碎线头。

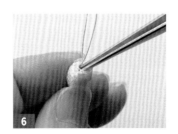

6

塞满后调整形状。在暂停钩织的针目里重新插入钩针，钩织剩下的第11圈。

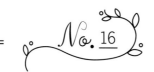
尤加利

尤加利（多花桉）的果实
是在花艺铁丝上缠线制作而成。
叶子与勿忘我（p.34）一样，
加入花艺铁丝钩织。

作品图 ——— p.19

成品尺寸 ——— 全长9cm

果实最宽处2mm

叶子的长度：（大）2cm、（小）1.3cm

材料

DMC Cordonnet Special（ECRU 80号）
纸包花艺铁丝（白色 35号）

编织图解

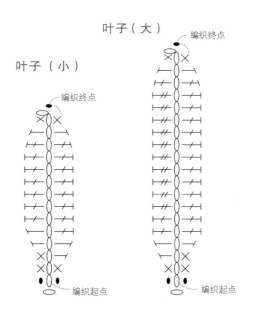

叶子（大）

叶子（小）

编织终点

编织终点

编织起点

编织起点

制作方法

1 按编织图解钩织 6 片叶子（大）、3 片叶子（小）。参照p.36~39，加入花艺铁丝钩织。调整形状后，喷上定型喷雾剂晾干。

2 果实参照p.95的制作要领，一共制作38颗。

3 将果实分为 7 颗一束（A）、4 颗一束（B）、9颗一束（C）、12颗一束（D）、6 颗一束（E），分别并成一束缠上少许的线。调整形状后，喷上定型喷雾剂晾干。

4 在（A）束果实的根部缠上5mm左右的线，将（B）束果实放在左侧并在一起，缠上 3 圈左右的线。

5 在右侧并入叶子（小），缠上1cm左右的线。

6 当茎部变粗后，为了避免粗细变化太快，错开长短，剪断花艺铁丝和线头。

7 将（C）束果实和 1 片叶子（大）、1 片叶子（小）放在茎部的前侧，缠上少许的线。在茎部的右侧并入叶子（大），缠上2cm左右的线。

8 将（D）束与（E）束果实、1 片叶子（大）、1 片叶子（小）组合在一起。

9 将步骤 **7** 和步骤 **8** 并在一起，缠上少许的线，再错落有致地并入剩下的叶子（大），缠上3cm左右的线。最后缠线终点做好末端处理。

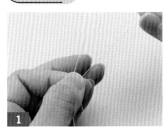

1 剪一根15cm左右的花艺铁丝，将5cm左右的线头与铁丝并在一起拿好。

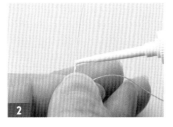

2 将花艺铁丝的一端留出2cm左右，在往下约5mm处涂上黏合剂。

3 在涂了黏合剂的部分缠上线。

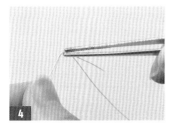

4 用镊子等工具夹住缠线部分的中间，折弯花艺铁丝。

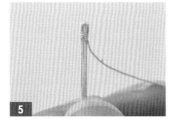

5 折到对齐并拢。

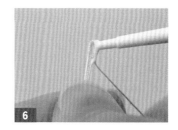

6 在其中一边涂上黏合剂。

7 从下往上缠线，缠至顶部露出一小部分。

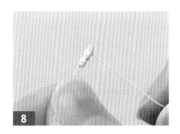

8 接着从上往下缠线至中间。

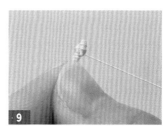

9 上下来回缠线，使中间呈鼓起状态。

10 中间部分缠至2mm厚时，继续往下缠线，在根部缠上3mm左右的线。

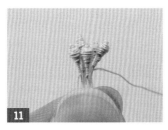

11 用相同的方法制作剩下的果实，取指定数量的果实，组合在一起。

12 缠成一束后，从根部往下折弯果实，调整形状。

ルナヘヴンリィの大人のかぎ針編みアクセサリー
(Lunarheavenly no Otona no Kagibariami Accessories : 6744–2)
© 2021 Lunarheavenly Kana Nakazato
Original Japanese edition published by SHOEISHA Co.,Ltd.
Simplified Chinese Character translation rights arranged with SHOEISHA Co.,Ltd.
through TOHAN CORPORATION
Simplified Chinese Character translation copyright © 2022 by Henan Science & Technology Press.

备案号：豫著许可备字 –2021–A–0115

作者简介

Lunarheavenly 中里 华奈

蕾丝钩编作家。2009年创立了Lunarheavenly品牌，主要忙于举办个展。著作有《中里华奈的迷人蕾丝花饰钩编》《中里花奈的迷人花漾动物胸针》《中里花奈的迷人花草果实钩编》，中文简体版都已经由河南科学技术出版社引进出版，现正热销中。

装订、正文设计、DTP	铃木梓
插图	AD·CHIAKI（坂川 由美香）
摄影	安井真喜子
协助摄影	Tetsu Moku（p.13）
编辑	山田文惠

图书在版编目（CIP）数据

中里华奈雅致的蕾丝花饰钩编 /（日）中里 华奈著；蒋幼幼译. —郑州：河南科学技术出版社，2022.10
ISBN 978–7–5725–0831–8

Ⅰ. ①中…　Ⅱ. ①中…　②蒋…　Ⅲ. ①钩针–编织–图集　Ⅳ. ①TS935.521–64

中国版本图书馆CIP数据核字（2022）第110987号

出版发行：河南科学技术出版社
　　　　　地址：郑州市郑东新区祥盛街27号　　邮编：450016
　　　　　电话：（0371）65737028　65788613
　　　　　网址：www.hnstp.cn
责任编辑：刘 欣 刘 瑞
责任校对：王晓红
封面设计：张 伟
责任印制：宋 瑞
印　　刷：河南瑞之光印刷股份有限公司
经　　销：全国新华书店
开　　本：889 mm × 1 194 mm　1/16　印张：6　字数：180千字
版　　次：2022年 10 月第1版　　2022年 10 月第1次印刷
定　　价：49.00元

如发现印、装质量问题，影响阅读，请与出版社联系并调换。